新疆准噶尔盆地平原区地下水优先控制
STUDY ON GROUNDWATER PRIORITY CONTROL POLLUTANTS IN PLAIN AREA AND
污染物与重点区域地下水水质演化研究
GROUNDWATER QUALITY EVOLUTION IN KEY REGIONS OF JUNGGAR BASIN, XINJIANG

周金龙　雷　米　周殷竹　涂　治　著

图书在版编目(CIP)数据

新疆准噶尔盆地平原区地下水优先控制污染物与重点区域地下水水质演化研究/周金龙等著. —武汉:中国地质大学出版社,2023.7
ISBN 978-7-5625-5718-0

Ⅰ.①新… Ⅱ.①周… Ⅲ.①准噶尔盆地-地下水-水污染-污染控制-研究②准噶尔盆地-地下水-水质-进化-研究 Ⅳ.①X52②X32

中国国家版本馆 CIP 数据核字(2023)第 249661 号

新疆准噶尔盆地平原区地下水优先控制污染物与重点区域地下水水质演化研究	周金龙 等著
责任编辑:何 煦　　　　　　选题策划:周 阳 张旻玥	责任校对:何澍语
出版发行:中国地质大学出版社(武汉市洪山区鲁磨路388号)	邮政编码:430074
电　话:(027)67883511　　传　真:67883580	E-mail:cbb@cug.edu.cn
经　销:全国新华书店	http://cugp.cug.edu.cn
开本:787mm×1092mm 1/16	字数:205千字　　印张:8
版次:2023年7月第1版	印次:2023年7月第1次印刷
印刷:武汉精一佳印刷有限公司	
ISBN 978-7-5625-5718-0	定价:66.00元

如有印装质量问题请与印刷厂联系调换

前　言

新疆准噶尔盆地平原区是新疆主要的居民生活与第一、第二、第三产业发展区域之一，地下水资源为该区域生活、生产和生态用水的重要水源，开展地下水优先控制污染物与重点区域地下水水质演化研究，可以为该区域地下水资源有效保护与合理开发提供科学依据。

依托国家自然科学基金项目"新疆石河子地区地下水砷氟碘共富集机理"（42007161，项目负责人为周殷竹），以新疆农业大学周金龙教授和中国地质调查局水文地质环境地质调查中心周殷竹高级工程师共同指导完成的雷米博士学位论文《天山北麓中段绿洲带地下水水质时空演化规律研究》和涂治硕士学位论文《准噶尔盆地绿洲带地下水优先控制污染物的识别与影响因素研究》为基础，我们集课题组近年相关科研成果，编著成此书。

本书第一章由雷米、涂治撰写，第二章由涂治、雷米撰写，第三章、第四章由涂治、周殷竹撰写，第五章、第六章由雷米、周金龙撰写，第七章由雷米、周殷竹撰写，第八章由雷米、涂治、周金龙撰写，全书由周金龙统稿。

著　者

2023 年 6 月

目 录

第一章　绪　论 …………………………………………………………………………（1）
　　第一节　研究背景及意义 …………………………………………………………（1）
　　第二节　国内外研究现状 …………………………………………………………（2）
　　第三节　存在的问题 ………………………………………………………………（5）
　　第四节　研究内容 …………………………………………………………………（6）
　　第五节　技术路线 …………………………………………………………………（7）

第二章　研究区概况 …………………………………………………………………（8）
　　第一节　自然地理概况 ……………………………………………………………（8）
　　第二节　水文地质概况 ……………………………………………………………（13）

第三章　地下水优先控制污染物的识别与风险评价 ………………………………（17）
　　第一节　地下水样品的采集 ………………………………………………………（17）
　　第二节　地下水优先控制无机污染物 ……………………………………………（18）
　　第三节　地下水优先控制有机污染物 ……………………………………………（21）
　　第四节　地下水优先控制污染物风险评价 ………………………………………（24）

第四章　地下水优先控制污染物分布特征及污染的影响因素 ……………………（28）
　　第一节　优先控制污染物空间分布特征 …………………………………………（28）
　　第二节　地下水优先控制污染物污染的影响因素 ………………………………（31）

第五章　地下水水化学特征及质量时空演化规律 …………………………………（36）
　　第一节　天山北麓中段绿洲带地下水水化学参数统计 …………………………（36）
　　第二节　天山北麓中段绿洲带地下水水化学类型 ………………………………（39）
　　第三节　天山北麓中段绿洲带地下水质量评价 …………………………………（41）
　　第四节　天山北麓中段绿洲带地下水质量时空演化特征 ………………………（43）
　　第五节　天山北麓中段绿洲带地下水污染评价 …………………………………（47）
　　第六节　乌-昌-石城市群典型区地下水水质及变化规律分析 …………………（53）

第六章　地下水水质演化成因分析 …………………………………………………（62）
　　第一节　地下水水化学指标来源解析 ……………………………………………（62）
　　第二节　自然因素对地下水水质的影响 …………………………………………（71）
　　第三节　人为因素对地下水水质的影响 …………………………………………（77）

第七章　典型剖面高、低水位期地下水常规指标与砷时空演化特征 ……………（89）
　　第一节　采样点布设 ………………………………………………………………（89）

	第二节　地下水水化学特征 …………………………………………………………（89）
	第三节　氢氧稳定同位素特征 ………………………………………………………（96）
	第四节　高、低水位期地下水水化学指标空间分布 ………………………………（97）
	第五节　高、低水位期地下水水质评价与变化规律 ………………………………（99）
	第六节　典型剖面地下水砷富集成因 ………………………………………………（102）
	第七节　典型剖面地下水砷水文地球化学反向模拟 ………………………………（109）
	第八节　典型剖面地下水砷形成过程 ………………………………………………（114）
第八章　结论与展望 …………………………………………………………………………（116）
	第一节　结　论 ………………………………………………………………………（116）
	第二节　展　望 ………………………………………………………………………（117）
主要参考文献 …………………………………………………………………………………（119）

第一章 绪 论

第一节 研究背景及意义

地下水是水资源系统中重要的组成部分，也是干旱、半干旱区重要的生活、农业和工业供水水源。自然因素（水岩相互作用、水文地质条件）和人为因素（地下水开采、污染物排放）是影响地下水水环境安全的两个重要因素。水岩相互作用决定着地下水水化学组成及含量，水文地质条件控制着水化学指标迁移方式、途径和分布。在天然状态下，地下水中各化学指标含量往往较低、水质良好，但在人类活动的影响下，地下水动力场、水化学场及地下水资源量的变化直接或间接影响地下水环境，加快了地下水水质劣化趋势。由于地下水生态环境的脆弱性和储存条件的复杂性，地下水水质一旦受到污染在短时间内很难恢复。在自然条件变化、地下水开发利用程度不断加大和污染物排放加剧的影响下，天然劣质地下水和地下水污染使地下水的可利用性受到限制，进而造成以地下水作为主要供水水源的地区"水质型缺水"，加剧水资源短缺状况（Yuan et al.，2017）。因此，在资源限制和各污染物危害程度不同的条件下，需要将有限资源集中在危害效应大的污染物上，对它进行优先研究和治理，并针对重点区域开展地下水水质调查、评价。研究地下水水质演化机制等不仅有助于掌握区域地下水水质现状，揭示水质劣化成因，还为地下水污染防治提供基础。

新疆准噶尔盆地位于亚欧大陆腹地，常年降水稀少、蒸发强烈、气候干燥，戈壁荒漠广布，是典型的干旱、半干旱地区。地下水在当地具有重要的资源属性和生态功能，在保障城乡生活生产供水、支撑经济社会发展方面具有重要作用（Wang et al.，2018）。然而，人类活动的增加，常伴随着一定程度的地下水污染并且严重威胁生态环境安全。高脆弱性地下水广泛分布于准噶尔盆地平原带，若不及时采取有效的地下水污染防治策略，将会对当地的可持续发展和城市化建设造成严重的阻碍（Jia et al.，2014）。目前，针对准噶尔盆地地下水水质的研究主要聚焦于无机组分的分布特征和迁移转化机理，而针对有机污染物的研究相对较少，因此迫切需要综合研究有机物与无机物并建立优先控制污染物清单，以指导制定相关法规和完善环境监测系统（涂治，2023）。

天山北麓中段位于亚欧大陆中部，地处准噶尔盆地南缘，是新疆经济、文化和农业生产的重要基地。地下水资源作为区内生态环境的重要组成部分，也是生活、农业和工业发展的重要物质基础，在经济发展中起着举足轻重的作用。随着社会经济的发展和城市化进程的加快，"资源型缺水"和"水质型缺水"等问题日益凸显，因此，笔者选取天山北麓绿洲带为重点区域，在资料收集、野外调查、样品分析的基础上，开展区域地下水水质综合评价，分析地下水污染程度及水质演化规律；结合区域地质条件、水文地质特征、水文地球化学作用、土地利用类型及地下水流场的变化，识别影响地下水水质演化的主要驱动因子，厘清自然因素和人为因素对水化学指标的源贡献率,揭示自然因素和人为因素对地下水水化学指标的影响程度;在绿洲带高砷地下水分布区内,选择典型剖面对高低水位期地下水常规指标与砷演化过程进行分析,构建典型剖面沿地下水流向、地下水水化学形成过程与砷迁移转化模式。

本书以准噶尔盆地为研究区,通过分级评分法筛选研究区地下水优先控制无机污染物并运用 PvOPBT (Prevalent, Occurrence, Persistence, Bioaccumulation, Toxicity) 法筛选、识别研究区地下水优先控制有机污染物,并进行生态风险和人类健康风险评价,通过多种分析方法阐述优先控制污染物的分布特征与来源。研究结果可准确提供准噶尔盆地地下水中污染物的优先级信息,这对于建立当地优先控制污染物清单、控制污染物的排放和监测地下水环境污染至关重要。笔者进而在此基础上选取天山北麓中段绿洲带与乌(乌鲁木齐市)-昌(昌吉回族自治州局部)-石(石河子市)(简称"乌-昌-石")城市群作为重点区域对地下水水质时空演化机制进行研究,该结果对查明天山北麓中段地下水水化学特征,反映地下水水化学环境,揭示区域地下水水化学迁移转化富集规律,对保障人体生命健康和促进社会经济发展均具有重要的理论意义与实际意义。

第二节 国内外研究现状

一、优先控制污染物研究现状

对不同水体开展优先控制污染物筛选的最终目的是保护水资源安全。通过环境优先控制污染物的筛选原则和方法,对污染物进行筛选并制订相应的优先控制污染物清单后,有针对性地采取防治措施来减少或避免污染物对水资源造成的危害,从而改善环境质量,保障人类在饮用、生产和其他活动中对水资源的安全使用和生态平衡。

世界范围内已有多个国家与国际组织分别对不同环境介质中的优先控制污染物进行研究,并制订了不同环境介质中的优先控制污染物清单(范薇等,2016)。这些国家和国际组织的研究成果对当地环保政策的制定产生了积极的影响,也为污染防治领域的科学研究提供了重要的思路和方法。

我国对水体中优先控制污染物的识别与研究稍晚。中国生态环境部(原国家环境保护局)在 1990 年确定了优先控制污染物的筛选程序,识别出 68 个污染物作为优先控制污染物,最终结合国情进一步优选出 48 个污染物作为推荐近期实施管控的优先控制污染物(傅德黔等,1990),为优先控制污染物的控制和监测提供了依据。该时期对不同环境中优先控制污染物的筛选工作主要是在大范围进行的。

随着我国优先控制污染物研究的不断推进,各省区市和一些科研院所也开始提出优先控制污染物的筛选方案。新疆的相关研究较少,现有研究主要聚焦于各污染物的自身性质,通过改进的综合评分法计算综合指标得分,从而对新疆石河子地区与阿克苏地区的地下水优先控制污染物进行识别(范薇等,2018;涂治等,2022)。

在过去的研究中,虽然有多种方法对优先控制污染物进行识别,但这些方法主要针对地表水体，而对于地下水中优先控制污染物的识别方法，目前还没有具有普及性与完善性的识别体系。因此，为了有效治理地下水污染，针对地下水污染建立科学完善的优先控制污染物识别方法具有重要意义。

二、地下水污染研究现状

美国是世界上最早研究地下水环境的国家之一，从20世纪70年代开始制订了一系列关于地下水环境的研究计划，开展了大量地下水污染的研究工作。随后多个国家也制定了一系列关于地下水污染防治政策，旨在为各国地下水资源安全提供保障（刘伟江等，2013）。

科学网（资源平台数据库）（Web of Science，WoS）文献关键词出现的时间线能够进一步反映"氮"是地下水污染研究的热点。氮是世界范围内最严重的地下水污染物之一，地下水中无机氮以硝态氮为主，这主要是因为在氧化环境中的亚硝态氮和铵态氮很容易氧化为硝态氮（Lasagna et al.，2016）。

除氮污染外，原生性砷污染也会对人体和生态环境产生重大危害。原生性砷污染具有分布范围广、暴露人口众多等特点。全球接近108个国家超过2.3亿人面临地下水砷污染问题，长期饮用或者接触高砷地下水（As≥10.00 μg/L）会增加患皮肤病、心脏疾病和癌症的风险（Hug et al.，2020）。

由此可见，地下水氮污染与原生性砷污染已成为影响人类生存最重要的地下水污染，需要进一步加大对地下水氮和砷迁移转化的研究。我国对地下水污染的研究起步较晚，从20世纪50年代开始监测地下水，到20世纪90年代才逐步完善地下水监测系统和完成监测数据的信息化。依据2016年《中国地下水污染状况图》，全国各地地下水受到不同程度的污染，而南方部分地区还存在砷污染。此外，据《中国生态环境状况公报》统计，2021年全国1900个国家地下水环境监测点中，Ⅰ类～Ⅳ类地下水占79.4%，Ⅴ类地下水占20.6%。可见，目前我国地下水水质状况不容乐观。

三、地下水水质评价研究现状

1. 地下水质量评价

在水质评价标准中，世界卫生组织（World Health Organization，WHO）分别于1983—1984年、1993—1997年、2004年和2011年出版了4个版本的《饮用水水质准则》。该准则的制定为世界各国制定饮用水国家标准提供重要的参考文献。随着人民生活水平的不断提高，人们对饮用水质量要求也不断提高，国家市场监督管理总局和国家标准化管理委员会于2022年3月15日发布《生活饮用水卫生标准》（GB 5749—2022）。该标准基于最新的研究成果和卫生安全理念，细致地规定了生活饮用水的各项指标和限值要求，标志着我国对生活饮用水质量的更高要求和严格监管。

目前，关于地下水水质的评价方法达60多种，但常用的主要有单因子评价法和综合评价法。单因子评价法只考虑水质中最差的指标，这种方法会夸大水质劣化程度，使评价结果的科学性和可靠性受到质疑。常见的综合评价法包括内梅罗指数法、综合指数法、模糊综合评价法、灰色理论评价法、人工神经网络法和物元分析法等。不同方法各有优劣，方法的选取直接关系到地下水质量评价结果的可靠性。近年来，逼近理想解排序法（technique for order preference by similarity to ideal solution，TOPSIS）因其计算原理清晰，过程简单、明确而被广泛应用于地下水质量评价中，但传统的TOPSIS更多地依赖于专家主观意见确定因子权重，存在采用欧式距离的方式计算贴近度会造成数据信息损失等问题（王小焕等，2017）。熵权法是客观权重常用的方法之一，反映了信息的无序化程度，这与水质评价指标的不确定性相适应。因此，将熵权法与TOPSIS法结合可以弱化水质评价中的不确定因素，从而使得熵权-TOPSIS法能更全面、准确地反映地下水质量现状，达到水质评价要求。

2. 地下水污染评价

如何科学地确定地下水环境背景值是判断地下水系统是否受到污染的基础。20世纪80年代，美国康纳首次提出"环境背景值"这一概念（康纳等，1980）。20世纪90年代，我国水文地质学家正式提出"地下水环境背景值"的概念。随着科学技术水平不断提高，我国对地下水污染的评价逐渐重视，2016年环境保护部发布的《环境影响评价技术导则 地下水环境》（HJ 610—2016）明确了"地下水污染""地下水污染对照值"和"地下水环境现状值"的定义和范围。为重点突出人类活动对地下水水化学指标的影响，将人类活动影响纳入地下水环境背景值的范畴，廖磊等（2018）提出"地下水视背景值"这一概念。

从分析结果来看，地下水水质评价和污染评价的方法众多，各有优缺点。因此，在方法取舍时应充分考虑研究区的实际情况，如地形地貌、水文地质条件、人口密度、周边工业和垃圾处理厂分布等影响因素，明确污染物是人为来源的还是天然地质来源的，评价结果的可靠性与评价方法的选取密不可分。

四、地下水水化学演化过程及源解析研究现状

1. 地下水水化学形成及演化过程

自然条件对地下水水化学的影响主要表现在气象水文、地形地貌、地质构造和水文地质条件等因素的制约，在水动力场驱动下，水岩之间发生一系列的化学作用，如溶解—迁移—富集、氧化还原、阳离子交换和吸附解析等作用，形成区域水化学场的总体分布布局。地下水水化学演化过程主要受自然因素影响，但在人为干预下，地下水水化学空间分布呈现更加复杂多变的特点。

一般来说，不同土地利用类型所产生的面源污染存在较大的差异，如农用地＞人工林＞灌草丛＞次生林（肖春艳等，2013）。地下水开采强度与区域地下水硝态氮的污染相关性也较强。此外，地下水硝态氮含量的差异还与不同季节的降水强度、施肥量的叠加效应有关。地下水水动力场区域地下水水环境、水文地质条件、气候条件和人为因素的差异，均能对地下水砷迁移、转化、富集和分布起到重要作用。

由此可见，自然因素和人为因素的复杂性是造成区域地下水水化学指标分布差异的主要原因。

2. 地下水水化学指标来源的识别

自然因素和人为因素的变化均会对区域地下水水化学指标产生重要的影响。如何科学定量地界定两者对水化学指标的影响不仅是水化学指标源解析研究领域的科学问题，也是目前国内外科学界研究和关注的重要课题。受体模型不依赖于污染物迁移途径及转化过程，能够有效地避免污染源扩散数值模型输入数据的不准确性，定量反映各组分因子对水化学指标的贡献率，近年来被广泛应用于大气学科领域、土壤学科领域和地下水学科领域。常见的受体模型法包括化学质量平衡法（chemical mass balance，CMB）、正态矩阵因子化法（positive matrix factorization，PMF）、UNMIX 模型法和主成分分析/绝对主成分分数法（principal component analysis/absolute principal component score，PCA/APCS）等分析方法。

受体模型是当前污染源解析中较为有效、便捷的工具，但由于各源解析模型在解析和源识别过程中存在差异，将多种受体模型进行比较的研究较多，通过比较不同受体模型的统计学参数、源成分谱及源分配结果能够更好地识别污染源。

五、天山北麓中段地下水水化学环境研究现状

近年来，天山北麓中段地下水环境受到国内外学者们的重视，他们的研究主要侧重于地下水常量组分演化规律、水质评价和微量组分迁移转化机理等方面，成果丰硕：蒸发岩风化溶解是地下水水化学指标的主要来源，在迁移转化过程中受到蒸发浓缩、反向离子交换等水文地球化学作用，同时人为活动对水化学指标也有一定影响；山前平原地下水水化学类型多为 $HCO_3·SO_4-Ca$ 型、$HCO_3·SO_4-Na·Ca$ 型（李巧等，2015；宋晨等，2021）；昌吉-石河子山前平原地下水质量类别以Ⅰ类和Ⅲ类为主，局部区域还存在Ⅳ类和Ⅴ类（宋晨等，2021）；奎屯市、乌苏市、沙湾市和石河子市等地存在高砷地下水富集，砷影响面积达 1200 km^2，最高含量达到 830.00 $\mu g/L$（Wen et al.，2013）；石河子农业耕作区地下水存在硝酸盐污染（陈云飞等，2017）。

已有研究主要集中在特定时间段对某一县市或区域地下水水化学演化分析和水质评价上，而从时空尺度对整个绿洲带进行系统而全面的地下水水质评价、水质成因分析的相关文献较少。天山北麓中段不仅是重要的农业灌溉集中区，同时还包括乌-昌-石城市群和奎屯-独山子-乌苏（简称"奎-独-乌"）城市群，人类活动影响剧烈，地下水水化学环境趋于劣化，因此须深入了解自然环境和人类活动对地下水水化学环境的影响，加强地下水水质演化规律的研究，从而保障区域地下水用水安全（雷米，2023）。

第三节 存在的问题

一、地下水优先控制污染物识别存在的问题

综合现阶段不同学者对地下水优先控制污染物的研究可以发现，目前地下水优先控制污

染物的识别与研究中仍存在以下问题与不足。

(1) 目前地下水优先污染物的识别方法还不够完善，尽管已经有一些优先控制污染物的识别方法被建立，但大多数研究主要将地表水中的污染物作为研究对象。相比之下，针对地下水优先控制污染物的研究还很少。

(2) 在开展优先控制污染物识别时，多数研究只采用一种方法进行识别，然而现有评价方法中各评价指标的选取多针对于有机物，并未考虑无机物与有机物的特性差异，若只采用一种方法对无机物与有机物同时进行识别会导致识别结果与实际污染情况有偏差。因此需要更全面地考虑污染物不同特性并结合多种指标和方法分别进行识别以此获得更准确的筛选结果。

(3) 在多数地下水优先控制污染物的识别研究中各指标对应权重依靠经验获取，受赋分者主观影响较大，评价结果的客观性和科学性较差。

二、天山北麓中段地下水水化学环境研究存在的问题

通过分析国内外优先控制污染物、地下水污染、地下水水质评价、地下水水化学演化过程及源解析的研究现状和天山北麓中段地下水水化学环境的研究状况可以发现，研究区主要存在以下几个亟待解决的问题。

(1) 天山北麓中段为典型的西北内陆干旱区，地下水环境敏感且脆弱。由于早期地下水水质监测站点较少，部分数据缺失，关于区域地下水水质时空演化的研究较为欠缺。天山北麓中段绿洲带地下水环境日趋复杂，过去地下水水质如何演化，未来如何更加合理地利用和保护地下水资源是区域经济社会可持续发展面临的主要问题。

(2) 研究区地下水环境在自然环境和人类活动影响下呈劣化趋势，定量识别自然因素和人类活动对地下水环境的影响成为精准防治污染的前提。环境背景值是界定人为污染的重要指标，但目前关于研究区环境背景值和污染源的研究相对较少，需要进一步深入研究地下水环境污染程度、污染源及源贡献率。

(3) 以往关于高砷地下水的研究多侧重于地下水砷的分布和水化学指标之间的关系，而关于地下水砷的来源、形态、赋存环境以及高低水位期迁移转化机理的研究相对较少，难以为劣质地下水防治提供科学合理的指导，因此，须进一步揭示地下水砷的迁移转化模式。

第四节 研究内容

在前人优先控制污染物的研究基础上，结合准噶尔盆地特有的地理环境和水文地质条件，广泛收集研究区的地理、水文地质条件等资料，对新疆准噶尔盆地平原区优先控制污染物进行识别，通过风险评价模型评估优先控制污染物的生态风险与健康风险，采用水文地球化学分析法耦合土地利用类型、地下水介质场、地下水动力场、地下水径流条件等资料对研究区优先控制污染物来源的主控因素进行分析；选取天山北麓中段绿洲带进行地下水水化学特征分析与地下水水质时空演化规律分析，基于源解析受体模型分析影响地下水水质演化的主要因素；选取典型剖面对地下水水化学演化过程开展研究，阐明高低水位期地下水常规指标与砷的迁移转化机制。

第五节 技术路线

　　本书内容包括：收集研究区自然地理、土地利用类型和地下水水质监测数据等资料；采用数理统计方法、分级评价法及PvOPBT法等，确定研究区优先控制污染物并对其分布与影响因素进行探讨；结合商值法、致癌与非致癌健康风险评价模型对优先控制污染物进行风险评价；从天山北麓中段绿洲带和乌-昌-石城市群典型区两个尺度分析地下水水化学特征，评价地下水质量和地下水污染程度，分析地下水水质时空演化规律；采用数理统计模型对地下水水化学指标来源进行识别、解析；选取研究区典型剖面，揭示高低水位期地下水水化学演化过程和高砷地下水形成过程；提出区域地下水环境保护与安全饮水建议。

第二章　研究区概况

第一节　自然地理概况

一、地理位置

准噶尔盆地位于新疆维吾尔自治区的北部（经纬度范围：E79°10′59″—E92°6′45″，N42°42′30″—N49°10′59″），南面以天山为界，北面以阿尔泰山为界，四周山脉的构造线和盆地边缘的方向一致，均为深大断裂所控制。准噶尔盆地周围有3个谷地与邻区相连。准噶尔盆地在乌鲁木齐子午线上宽约450 km，在盆地中部，东西长约360 km（中国科学院新疆综合考察队等，1978）。盆地四周绿洲经济带交通较为便利，各乡镇均有公路相连，但沙漠腹地交通不便。研究区地理位置见图2-1。

二、气象

准噶尔盆地属典型的大陆性干旱气候，干燥少雨，四季气温相差悬殊，具有春季升温快、秋季降温迅速、夏热冬寒等特点。根据国家气象科学数据中心提供的气象数据，准噶尔盆地气温的年较差和日较差很大，各地的年较差约为40.0 ℃。

准噶尔盆地蒸发强烈，蒸发量主要受气温和湿度等因素影响。盆地水面蒸发量变化很大，盆地边缘绿洲带内年蒸发量为1 000.0~1 400.0 mm，荒漠、沙漠区年蒸发量可高达2 400.0 mm。水面蒸发强度与降水量分布规律正好相反并且自盆地西部向东部逐渐增大，由平原区向山区逐渐增大。

受远离海洋、高山环绕等因素的共同作用，准噶尔盆地形成了典型的干旱气候，主要体现在：盆地平均降水稀少，盆地中央分布有大面积的荒漠无流区。盆地内水汽主要来源于西风环流输送的西来水汽，北冰洋向南输送的水汽次之，受太平洋、印度洋东南部和西南季风的水汽输送影响较小。这些降水多集中于山区，受研究区强烈蒸发作用的影响，仅有少部分降水构成地表径流，局部向地下渗透，构成山区地下水（董新光等，2005）。

准噶尔盆地主要城市平均年降水量约为212 mm。降水量空间分布不均，盆地西部（200~400 mm）高于东部（150~200 mm），山区（200~900 mm）高于盆地绿洲带（150~200 mm）与盆地中心（约50 mm）。降水量年内时间分布不均，年降水量山区多集中在5—8月，占全年的60%以上；山区降雪量约占全年降水量的1/3。积雪厚度从南向北、从东向西，从盆地向山区增大。阿勒泰地区为多降雪地区，积雪最厚达70~90 cm，天山北

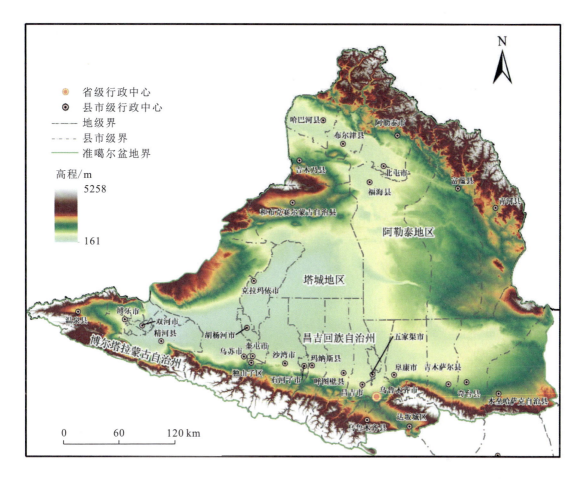

图 2-1 研究区地理位置

坡最厚达 30~40 cm，一些山区积雪最厚可达 100 cm 以上。

三、河流水系

盆地周边山区的降水以地表径流的方式流入盆地。发源于盆地四周山地的内陆河，或汇集流入盆地中心形成向心水系，或汇集在山间封闭盆地的低洼处形成湖泊。

盆地内部水文网分布不均，山地发育树枝状水系，低山丘陵前山带水系逐渐汇聚为干流并注入平原。其余的广阔地域缺少常年性地表径流，通常在暴雨后的季节性沟谷形成洪流泄入平原。平原区水文网和山区汇集主河道紧密相连，构成了多个非连续扇形灌区等。盆地内除额尔齐斯河外，其他内陆河流都源自山区，在盆地低洼区域汇集。地表水系发育了 230 多条大小不等的河流，包括 3 条典型大河水系：额尔齐斯河、乌伦古河和玛纳斯河（董新光等，2005）。

额尔齐斯河源于阿尔泰山南坡，是全国唯一的北冰洋水系，流经阿勒泰地区的 6 个县（市）。下游为俄罗斯境内的鄂毕河，最终注入北冰洋。上游有两源，即库依尔特斯河和卡依尔特斯河，以卡依尔特斯河为主源，于可可托海汇合始称额尔齐斯河。额尔齐斯河的补给源以降水、积雪融水和冰川等为主，其支流均在阿尔泰山南坡发育，并向南汇集形成干流，属于典型的树状水系。主要支流有 7 条，以最东部的支流库依尔特斯河为干流。支流克兰河下游地势低洼，形成大片苇湖沼泽。布尔津河是最大支流，河源友谊峰海拔 4374 m，有冰川发育。上游河谷有阿克库勒及喀纳斯两个高山湖。支流哈巴河在新疆长 150 km，河口地势低洼，亦有苇湖沼泽。国界线上有阿拉克别克河，河源在哈萨克斯坦境内，中下游则为国界线。

乌伦古河发源于阿尔泰山东段南坡。主要支流有青格里河、查干河和布尔根河等，布尔根河河口以下称乌伦古河。河流出山口后流经 350 km 戈壁沙漠地带，经过渗漏蒸发，余水注入尾闾波特港湖（吉力湖）和乌伦古湖（布伦托海）（董新光等，2005）。

玛纳斯河发源于天山北麓中段的依连哈比尔尕山脉大冰川区，由南向北流经 200 km 的山区，进入平原。主要支流有呼斯台郭勒、芦草沟、大熊沟、大小白杨沟、清水河等，在肯斯瓦特汇合。流出红山嘴后，转向西北，经夹河子、垫坝、沙门子、小拐和大拐最后注入玛纳斯湖（艾兰湖）。全长 420 km，自然落差 3080 m（董新光等，2005）。

四、地质构造与地貌

1. 地质构造

准噶尔盆地南部为东西走向的天山，将新疆分成以准噶尔盆地为主的北疆和以塔里木盆地为主的南疆，北临阿尔泰山，西侧为准噶尔西部山地，东至北塔山麓，宏观上呈现"三山夹两盆"的地理格局。南北宽 450 km，东西长 700 km，沙漠占 30%。地势向西倾斜，北部略高于南部，盆地西部分布有额尔齐斯河谷、额敏河谷及阿拉山口等缺口，为西风环流携带的水汽形成了良好的输送通道（中国科学院新疆综合考察队等，1978）。

准噶尔盆地的地质构造属前古生代陆台，四周山脉属于隆起剥蚀区，主要露出中生界和原变质岩层，是盆地物质和水资源的供给区。冲积扇、洪积扇、三角洲和湖泊沉积环境依次从周围的山脉流向盆地中心。盆地构造演化与区域大地构造演化密切相关。准噶尔盆地及周边经历了多旋回的构造运动，准噶尔盆地本身也是一个多旋回发育的沉积盆地。沉积地层、岩浆岩及区域构造变形记录了区域构造演化特征（李丕龙等，2010）。

2. 地貌

准噶尔盆地内部包括两个不同的地貌单元，分别为山地和盆地。山地属于隆起剥蚀区，在河流的侵蚀下，大量物质被挟带进入盆地中。盆地则是由山区剥蚀物质堆积而成的区域。在盆地中央，平缓的冲积平原、湖积和风积平原广泛分布；而位于盆地边缘的山前地带，则发育了大范围的冲洪积倾斜平原和冲积平原。这些地貌特征形成了明显的界线（中国科学院新疆综合考察队等，1978）。盆地按地貌类型可以划分为平原区、黄土地貌、丘陵区、低山区、中山区、高山区六大类（图 2-2）。

1) 平原区

平原区根据成因不同而分为湖积平原、冲积平原、冲洪积平原、洪积平原等。湖积平原分布于乌伦古湖、玛纳斯湖、艾比湖等湖泊沿岸地区。地形平坦，由砂粒物质组成。冲积平

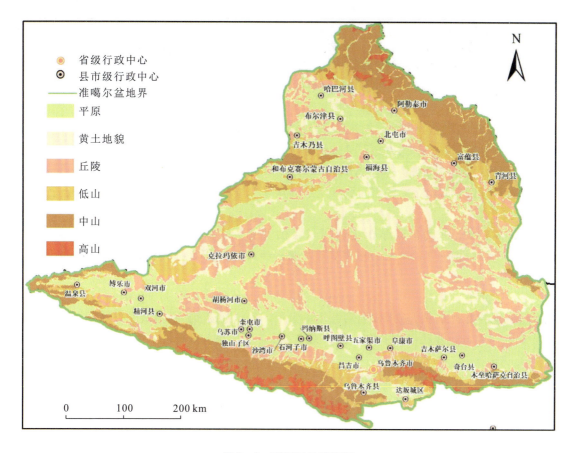

图 2-2 研究区地貌类型

原分布于额尔齐斯河、布尔津河、乌伦古河、玛纳斯河、奎屯河、博尔塔拉河等河沿岸，以及区内各大小河流出山口后的平原地区，由河流迁徙或泛滥及河流出山口后流速变缓，山前带堆积形成冲积扇平原，下游地段因地形低洼平坦积水而形成沼泽化冲积平原。该平原地形平坦或微倾，土层深厚，水源便利，常常成为城镇绿洲所在地。区内冲洪积平原位于山麓地带，由河流与季节性河流携带物共同堆积形成，依据形成的相对年代及新老关系，划分为年轻的冲洪积平原与古老的冲洪积平原。地表组成物质一般以砾石为主。流水作用形成的洪积平原主要分布于盆地西部山地山麓地带，由间歇性流水侵蚀、搬运、堆积碎屑物质形成，干旱，植物少，部分为砾质戈壁滩；干燥作用形成的洪积平原主要见于山麓地带，由于气候干旱，地表长期遭受风蚀作用，细粒物质被吹走，留下砾石、粗砂，地表植物稀疏，利用困难。

2）黄土地貌

黄土地貌主要分布于天山、准噶尔西部山地的低中山区地带。由风成黄土、冰水黄土及次生黄土堆积形成。黄土塬分布于博乐北部、玛纳斯南部，为黄土堆积的台地或古老倾斜平原经流水切割形成。塬面微倾斜，干旱，植物稀疏，以蒿草为主。黄土沟、黄土洼地、黄土陷穴等发育。可发展种植业，但应注意水土流失。黄土墚分布于吉木萨尔泉子街盆地内，为黄土塬经流水强烈侵蚀切割形成。黄土沟十分发育，较干旱，植物以蓄草为主，为春秋过渡牧场。黄土覆盖丘陵分布于天山北麓地区。黄土下一般为冰水砾石层或基岩。丘陵坡面切割较强，冲沟发育，可见黄土塌陷、滑塌坑等。坡面植物以蒿草为主，部分较平坦地方为旱地。黄土覆盖山地分布于天山、准噶尔西部山地，坡面呈浑圆状，冲沟十分发育，卫星景象十分清晰。坡面常见滑坡、滑塌现象，天山和准噶尔西部的黄土覆盖的中低山，通常植物生长得较好，为草原或荒漠草原，是旱地垦植的主要地方。

3) 丘陵区

丘陵区主要分布于盆地边缘，呈带状分布，为季节性洪水侵蚀与剥蚀作用共存。该区山体上升幅度不大，经长期剥蚀切割形成一些地势低矮的丘陵。该区地表支离破碎，沟谷纵横，地表砾石、岩屑遍布，坡面间歇洪流细沟众多。植被贫乏，相对高度小于 200 m。

4) 低山区

低山区分布于东西准噶尔山地、阿尔泰山及北天山，海拔 900～1100 m，相对高度 200～500 m，以剥蚀作用为主。植物贫乏，基岩裸露，岩屑坡、冲沟、干沟、倒石堆发育。

5) 中山区

中山区分布于阿尔泰山（海拔 1500～2400 m）、天山（海拔 1700～3000 m）以及准噶尔西部山地中山地带，以流水侵蚀剥蚀作用为主，分布范围大致与森林上、下限一致，切割深度 300～600 m，线状侵蚀十分强烈，峡谷、嶂谷、崩塌、倒石堆、滑坡等发育。

6) 高山区

高山区分布于天山山脉的博格达山、科古琴山及洪别林达坂、友谊峰，海拔 2800～5445 m，切割深度 800～1500 m，冰川作用强烈，褶皱剧烈、断层发育，山势峻拔崎岖，悬谷陡壁，多具尖顶，雪线高度在海拔 3700 m 以上，"U" 形谷发育，冻裂与物质移动都相当强烈，有许多倒石堆和泥石流。

五、土地利用类型

土地利用与土地覆盖变化是全球环境变化研究的核心领域，其主要目的之一是以土地利用变化建立与区域环境变化的联系，并对区域可持续发展提出指导性意见。根据2018年中国科学院地理科学与资源研究所 Landsat 8 遥感影像，通过人工目视解译生成的土地利用遥感监测数据（图 2-3）可得到准噶尔盆地土地利用类型［参考《土地利用现状分类》(GB/T 241010—2017)］可分为耕地、林地（有乔木林地、灌木林地、灌木沼泽及其他林地）、草地、水域及水利设施用地（有湖泊水面、水库水面、冰川及永久积雪）、建设用地和未利用土地（有沙漠戈壁、盐碱地、裸岩石砾地、裸土地）6 个一级类型。土地利用类型从盆地四周山区向盆地中心方向由林地→草地→建设用地→耕地→未利用土地过渡，水域及水利设施用地穿插分布于各类型之间。其中未利用土地面积最大，占总面积的 44.8%；其次是草地面积，占总面积的 39.6%；第三是耕地面积，占总面积的 9.7%；此外，林地面积占 3.1%，水域及水利设施用地面积占 1.6%，建设用地面积占 1.2%。

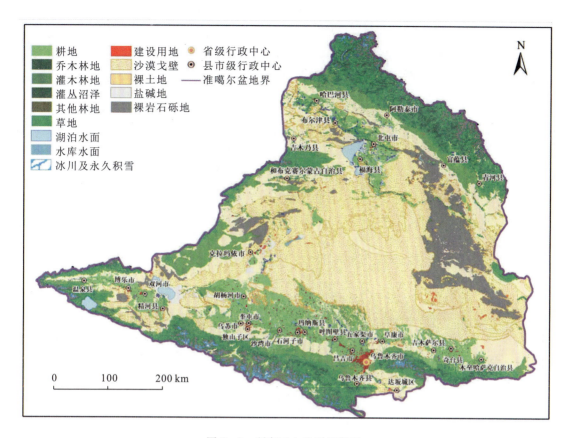

图 2-3 研究区土地利用类型

第二节 水文地质概况

一、包气带岩性

准噶尔盆地包气带岩性分布如图 2-4 所示。

准噶尔盆地包气带岩性大体可分为砂砾石、亚砂土、粉细砂和亚黏土四大类。在盆地南缘，山前倾斜平原的包气带岩性以大孔隙砂砾石为主，山前冲洪积扇外缘包气带岩性过渡为亚砂土与亚黏土，其砂含量相对增高。在冲洪积扇缘以下的冲积-洪积-湖积平原中包气带岩性为粉细砂、亚砂土和亚黏土互层。在盆地北部，包气带岩性以砂砾石与粉细砂为主，亚砂土少量分布在平原区近河地带。其中吉木乃县、哈巴河县、布尔津县、阿勒泰市、温泉县和博乐市的包气带岩性以砂砾石为主，其余包体带岩性少量交互分布；北屯市、胡杨河市、乌苏市、奎屯市和玛纳斯县包气带岩性以亚砂土为主，其余包体带岩性少量交互分布；福海县、富蕴县、青河县和布克赛尔蒙古自治县等的包气带岩性主要为粉细砂，其余包体带岩性少量交互分布；五家渠市的包气带岩性以亚黏土为主；其余县市各包气带岩性交互分布。

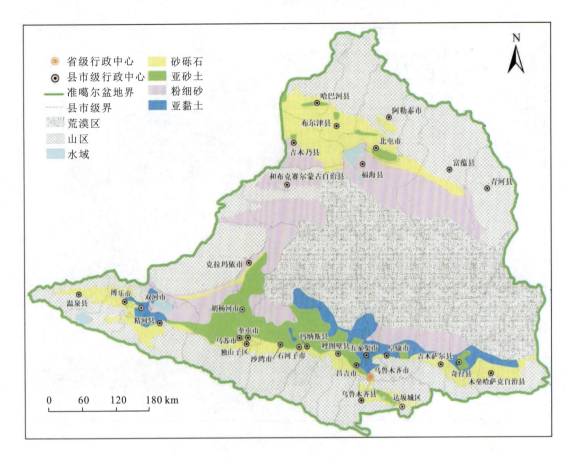

图 2-4 研究区包气带岩性图

二、含水层特性及富水性

根据准噶尔盆地地质结构和水文地质条件，该盆地属于地台型中、新生代自流水盆地，准噶尔盆地水文地质条件如图 2-5 所示。

山前倾斜平原，主要发育的是潜水含水层；在溢出带以下的冲洪积平原，含水层岩性颗粒变细，砂层及黏性土层相互交错，埋藏分布着潜水和承压水含水层。在准噶尔盆地堆积了巨厚的第四系冲洪积物，其地下水以第四系松散潜水与承压水系统为主，含水层介质多为第四系冲洪积物。

盆地南缘分布着大小不等、新老重叠的冲洪积扇，在准噶尔盆地南缘乌鲁木齐边缘坳陷区，冲洪积层地下水深埋带中潜水含水层岩性结构比较单一，颗粒较粗大，多为粗砂、砂砾石和卵石，含水层厚度大，富水性强。鉴于地下水埋深比较大，且此带又多为戈壁土，耕地甚少，开采利用很少，仅为一些大的工业单位开采利用，如乌鲁木齐头屯河区的宝钢集团新疆八一钢铁公司、奎屯河流域的新疆独山子石油化工有限公司均建有供水水源地，年开采量均超过百万立方米（董新光等，2005）。

冲洪积层中浅埋带位于冲洪积扇下部和扇缘部分，是潜水向承压水的过渡带，也是多层

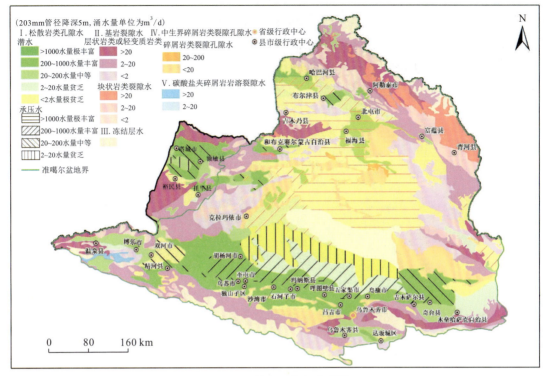

图 2-5 研究区水文地质图

含水层结构的形成带。至扇缘，由于地形坡度变缓，含水层岩性变细，潜水运动受阻，潜水呈泉水形式溢出地表，形成沼泽或泉群。泉群集流成河，多被利用于农业灌溉。冲洪积扇缘以下冲洪湖积平原中有潜水分布。含水层岩性为粉细砂、亚砂土和亚黏土互层，富水性差，不能利用（谌天德等，2009）。

准噶尔盆地第四系冲洪湖积层的承压水分布范围甚广，在盆地南缘始于潜水溢出带，东西长约 400 km、南北宽 50~100 km 的范围内有冲积-洪积-湖积物分布处均有承压水埋藏。岩性以中粗砂和中细砂为主，含水层富水性自南向北或西南向东北由强变弱。

三、地下水补给、径流与排泄特征

准噶尔盆地的天山、阿勒泰山和准噶尔山的褶皱、断裂、节理、裂隙异常发育，为基岩裂隙水的赋存和运移提供了良好的条件，地下水系统相对较为完整。环盆地的山区降水丰富、冰川分布广泛，为地下水的形成提供了较充足的补给水源，是地下水的补给区；山区沟谷切割强烈，是地下水的排泄区，地下水、地表水在此频繁转化（董新光等，2005）。平原区沉积了厚度大的松散堆积物，为地下水的径流和储存提供了良好的空间，平原区是水资源的主要利用区。下游湖盆区为地下水的最终排泄区，形成了分别以玛纳斯湖、艾比湖、乌伦古湖和境外的斋桑泊为排泄中心的地下水系统。研究区地下水主要受到河道潜流、河水入渗、山区地下水侧向径流、降水入渗补给等天然方式的补给，此外，还受到渠系渗漏、田间入渗、水库入渗等人类活动引起的补给。地下水排泄方式有人工开采、泉水溢出、蒸发、侧向径流排泄等（谌天德等，2009）。由于准噶尔盆地山区与平原区之间的水文地质条件存在较大差异，其地下水补径排特征也明显存在差异。此外，平原区各流域水文地质特征也不同，各地下水系统地下水补给、径流和排泄特征也存在一定差异。据新疆维吾尔自治区水利厅《新疆水利统计资料汇编》（2019），准噶尔盆地主要区域2019年地下水用水量为$28.37 \times 10^8 \ m^3$，地下水用水量占用水总量的30.31%，占新疆地下水用水总量的35.11%。

第三章 地下水优先控制污染物的识别与风险评价

第一节 地下水样品的采集

2015—2018年共采集地下水水样547组（包括潜水330组，承压水217组），地下水采样点主要分布于准噶尔盆地（塔城盆地除外）的平原区绿洲带，取样点分布见图3-1。取样点控制区域面积为$11.48 \times 10^4 \ km^2$，取样点密度为4.8眼/$10^3 \ km^2$，符合《地下水监测规范》（SL 183—2005）内陆盆地平原区水质监测井密度0.4~1.6眼/$10^3 \ km^2$的要求。

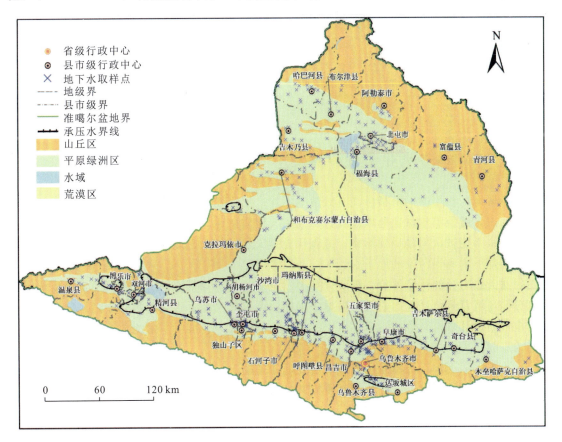

图3-1 地下水采样点分布图

水样严格按中国《区域地下水污染调查评价规范》（DZ/T 0288—2015）进行采集、保存、送检。采用多参数分析仪（HANNA，HI 9828）现场测定水温、氧化还原电位、pH值、电导率和溶解氧指标。采用数字滴定器（HACH，Model 16900）并加入室内已标定浓度的稀硫酸溶液与酚酞、甲基橙溶液测量地下水碱度，确定 HCO_3^- 和 CO_3^{2-} 含量。使用火焰原子吸收分光光度法对 K^+ 和 Na^+ 进行测定，EDTA 滴定法（乙二胺四乙酸滴定法）对 Ca^{2+}、Mg^{2+}、Al 和总硬度（total hardness，TH）进行测定，采用可见分光光度计（新悦，T6）测定 NH_4^+、I^-、NO_3^-，利用紫外可见分光光度计（Agilent，Cary 60）测定 NO_2^-，用 105 ℃ 干燥-重量法测定总溶解性固体物质（total dissolved solids，TDS），硝酸银容量法测定 Cr、Cl^-，硫酸钡比浊法测定 SO_4^{2-}，用双道原子荧光光度计（AFS-922）测定 Hg、As 和 Se，用离子计（PXSI-216F）测定 F^-，用单石墨炉原子吸收分光光度计（PinAAcle-900Z）测定 Fe 含量，用电感耦合等离子体发射光谱仪（ICP-AES，OPTIMA 8000）测定 Pb、Zn、Cd、Mn 含量。苯并[a]芘用高效液相色谱仪（HPLC，Agilent 1200）测定，苯、乙苯、甲苯、二氯甲烷、三氯乙烯、1,2-二氯乙烷、三氯甲烷、四氯乙烯、1,1,1-三氯乙烷、四氯化碳、1,2-二氯丙烷、1,1,2-三氯乙烷、滴滴涕、六氯苯、溴二氯甲烷、一氯二溴甲烷、氯乙烯、1,1-二氯乙烯、溴仿、1,2-二氯乙烯、苯乙烯、邻二氯苯、氯苯、间二氯苯、对二氯苯、间二甲苯、对二甲苯、邻二甲苯、1,2,4-三氯苯、α-六六六、γ-六六六、β-六六六、δ-六六六使用气相色谱-质谱联用仪（GC-MS，Tracedsq GC-MS-QP 2010）进行测定。

第二节　地下水优先控制无机污染物

一、地下水环境背景值的确定

由于研究区检出的无机指标在自然情况下均广泛存在于地下水中，并普遍存在于天然劣质地下水中，且准噶尔盆地地域辽阔，不同水文地质条件下地下水水质有很大差别，但天然劣质地下水不应被认为是受到污染，应该认为是天然异常。因此需要采用合适的方法来分辨天然劣质地下水和受污染的地下水。

针对天然组分的污染评价，需要计算天然组分的环境背景值的上限值，地下水系统单元的划分是环境背景值计算的前提。根据中国地质调查局《地下水系统划分导则》与水利部水利水电规划设计总院制定的《全国水资源分区》的要求，将准噶尔盆地地下水系统单元分区细分为三级（表 3-1）。

在对不同地下水系统单元进行异常值处理的基础上，选用了目前应用较多且与计算塔里木盆地背景值相同的数理统计方法对研究区的背景值进行计算（郭晓静等，2011）。各分区地下水无机指标背景值如表 3-2 所示。

二、污染级别分类评价方法

运用污染级别分类评价方法评价地下水污染，采用组分分类的方法，利用背景值的上限

表 3-1　地下水系统单元划分表

级别	一级地下水系统	二级地下水系统	三级地下水系统
区域	准噶尔盆地	阿尔泰山南麓诸河	额尔齐斯河流域
			乌伦古河水系
			吉木乃诸小河流域
		古尔班通古特沙漠区	古尔班通古特沙漠区
		天山北麓诸河	天山北麓东段
			天山北麓中段
			艾比湖水系

表 3-2　准噶尔盆地地下水无机指标背景值　　　　单位：mg/L

区域	艾比湖水系	乌伦古河	古尔班通古特沙漠区	吉木乃诸小河流域	天山北麓东段		天山北麓中段		额尔齐斯河流域
地下水类型	承压水	潜水	潜水	潜水	潜水	潜水	承压水	潜水	承压水	潜水
K^+	2.87	3.78	8.44	3.49	3.23	1.81	2.50	2.86	1.41	5.81
Na^+	436.33	35.84	217.71	215.57	154.05	40.85	110.84	57.22	95.39	156.80
Ca^{2+}	37.28	3.78	185.50	201.20	178.49	92.18	81.05	84.01	32.32	145.07
Mg^{2+}	9.33	20.97	39.87	58.81	49.44	26.50	83.27	30.50	6.01	30.93
Cl^-	20.49	29.82	137.74	724.41	82.07	43.71	65.42	43.74	33.76	108.85
SO_4^{2-}	69.77	95.05	563.63	824.27	513.28	259.67	170.96	257.34	100.89	416.35
HCO_3^-	131.70	125.90	291.73	217.42	308.20	183.16	201.79	249.23	144.80	355.92
TDS	278.99	357.90	1 265.34	2 371.64	1 213.16	708.26	514.49	619.65	407.50	1 159.36
TH	119.52	198.71	610.66	540.63	628.48	348.50	310.16	311.84	120.50	585.18
NO_3^-	5.32	16.63	24.44	57.27	13.47	19.47	10.52	11.72	1.00	81.23
NO_2^-	0.002	0.003	0.02	0.01	0.01	0.002	0.005	0.01	0.01	0.02
NH_4^+	0.04	0.01	0.25	0.18	0.31	0.04	0.01	249.23	0.06	0.22
Fe	0.21	0.23	0.13	0.60	2.57	0.10	0.07	0.07	0.24	0.12
F^-	1.00	0.60	0.91	1.82	0.84	0.29	0.25	0.41	0.61	1.13
Mn	0.010 0	0.005 1	0.061 0	0.677 5	0.043 0	0.002 1	0.001 5	0.001 5	0.022 5	0.036 1
Zn	0.005 5	0.005 0	0.004 7	0.006 9	0.010 8	0.031 8	0.001 0	0.003 0	0.010 0	0.010 0
Hg	0.000 03	0.000 06	0.000 03	0.000 07	0.000 03	0.000 06	0.000 07	0.000 08	0.000 08	0.000 03
Cr	0.002 0	0.002 0	0.002 0	0.002 0	0.002 0	0.002 0	0.016 5	0.002 0	0.002 0	0.002 0
As	0.010 9	0.003 2	0.001 5	0.000 5	0.000 3	0.000 3	0.001 5	0.001 1	0.014 3	0.002 3
Pb	0.000 5	0.000 5	0.000 5	0.000 5	0.000 5	0.000 5	0.000 5	0.000 5	0.000 5	0.000 5
Cd	0.000 1	0.000 1	0.000 1	0.000 1	0.000 1	0.000 1	0.000 1	0.000 1	0.000 1	0.000 1
Se	0.000 4	0.000 3	0.000 3	0.000 3	0.001 3	0.000 3	0.000 3	0.000 3	0.000 3	0.000 4
Al	0.012 1	0.011 5	0.034 1	0.062 8	0.063 0	0.031 8	0.015 8	0.011 0	0.014 3	0.021 0
I^-	0.011 5	0.005 0	0.030 0	0.082 5	0.037 5	0.005 0	0.005 0	0.014 0	0.070 0	0.071 3

值、实测浓度、地下水质量标准限值推算污染程度级别。对于天然背景值小于《地下水质量标准》（DZ/T 14848—2017）Ⅲ类标准限值的指标，采用污染级别分类评价方法，而对于天然劣质指标的污染评价无法使用指标分类污染评价方法，可采用天然劣质指标污染程度分级方法进行评价（赵鹏，2018）。污染级别分类评价与天然劣质指标污染程度分级结果如图3-2所示。

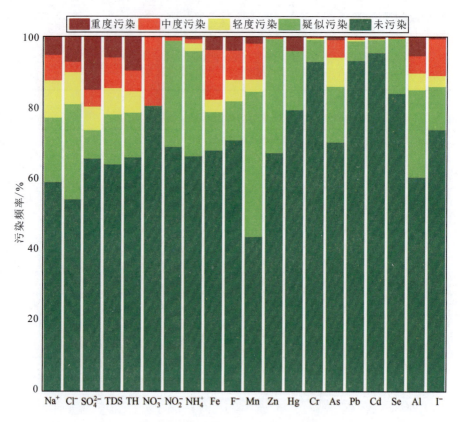

图3-2 污染级别分类结果统计图

三、地下水优先控制无机污染物的识别

根据统计学原理，利用各无机指标的污染频率大小，对无机指标污染程度进行表征，可以最大限度地利用所有水样检测数据。由于相同指标在不同采样点的污染级别也不相同，因此在指标分类污染评价结果的基础上，将所有指标在相同污染级别的频率由小到大排序并从1到n赋值，再使用熵权法计算得到污染级别在未污染到重污染中的权重并根据分级评分法叠加，求得各个指标的综合污染指数P_i，按各无机指标的综合污染指数进行排序，从而达到筛选优先控制无机污染物的目的，结果如表3-3所示。

优先控制污染物的筛选原则是在种类上筛选出综合污染指数高的污染物，因此选用K-means聚类算法并结合研究区经济发展水平，将综合污染指数分为3个优先级，分别为极高优先级、高优先级和低优先级。其中，将极高优先级和高优先级中的无机污染物识别为优先控制无机污染物,包括 TDS、Cl^-、Na^+、TH 和 SO_4^{2-}。

表3-3 地下水综合污染指数评价结果

指标	未污染		疑似污染		轻度污染		中度污染		重度污染		综合污染指数
	频率排序	评分	频率排序	评分	频率排序	评分	频率排序	评分	频率排序	评分	
TDS	5	0.05	10	1.00	17	3.23	16	4.00	17	7.65	15.93
Cl^-	2	0.02	16	1.60	19	3.61	9	2.25	18	8.10	15.58
Na^+	3	0.03	14	1.40	20	3.80	14	3.50	15	6.75	15.48
TH	7	0.07	9	0.90	14	2.66	13	3.25	19	8.55	15.43
SO_4^{2-}	6	0.06	5	0.50	16	3.04	10	2.50	20	9.00	15.10
Al	4	0.04	15	1.50	13	2.47	11	2.75	16	7.20	13.96
Mn	1	0.01	20	2.00	11	2.09	17	4.25	11	4.95	13.30
F^-	13	0.13	7	0.70	14	2.66	15	3.75	13	5.85	13.09
Fe	10	0.10	6	0.60	11	2.09	19	4.75	12	5.40	12.94
As	12	0.12	12	1.20	18	3.42	11	2.75	10	4.50	11.99
I^-	14	0.14	8	0.80	10	1.90	18	4.50	7	3.15	10.49
NH_4^+	8	0.08	17	1.70	9	1.71	8	2.00	9	4.05	9.54
Hg	15	0.15	13	1.30	1	0.19	1	0.25	14	6.30	8.19
NO_3^-	16	0.16	1	0.10	1	0.19	20	5.00	1	0.45	5.90
Cd	20	0.20	2	0.20	6	1.14	2	0.50	7	3.15	5.19
NO_2^-	11	0.11	18	1.80	1	0.19	7	1.75	1	0.45	4.30
Zn	9	0.09	19	1.90	1	0.19	5	1.25	1	0.45	3.88
Pb	19	0.19	3	0.30	7	1.33	6	1.50	1	0.45	3.77
Cr	18	0.18	4	0.40	7	1.33	2	0.50	1	0.45	2.86
Se	17	0.17	11	1.10	1	0.19	2	0.50	1	0.45	2.41

第三节 地下水优先控制有机污染物

一、有机污染物指标得分

传统的 PBT(Persistence、Bioaccumulation、Toxicity)评价法是针对有机污染物在环境介质中的可降解性、积累性和对环境生物群潜在的毒性而进行比选的,忽略了污染物在研究区实际的污染情况。而优化的 PvOPBT 方法综合考虑了研究区地下水有机污染的实际情况及有机污染物在环境中的毒性（Huang et al., 2022）。因此，本书对各有机物分别采用了生物降解（BioWin）模型对有机物的持久性（P）进行模拟计算、采用生物蓄积系数（BCFBAF，包含 Bioconcentration Factor 和 Bioaccumulation Factor）模型对有机物的生物积累性（B）进行模拟计算、采用生态结构（EcoSAR, Ecological Structure Activity Relationships）模型对有机物的毒性（T）进行模拟计算，最后结合有机物在研究区的检出率（Pv）与浓度（O）进行综合筛选。

在检测的 34 种有机污染物中有 12 种有机污染物被检出，22 种有机污染物未被检出，检出的有机污染物可以分为多环芳烃、单环芳烃、卤代脂肪烃、有机氯农药四大类。各类有机污染物指标得分情况如图 3-3 所示。多环芳烃中只有苯并[a]芘被检出，但其检出率得分、浓度指标得分与 PvOPBT 得分在检出的有机污染物中均为最高；单环芳烃中二甲苯检出率得分高于该类其他有机污染物，乙苯、对二甲苯的浓度指标得分在该类中最高，对二甲苯的 PvOPBT 得分在该类中较高，苯的 PBT 得分在该类中较高；卤代脂肪烃中 1, 2-二氯乙烷的检出率得分、浓度指标得分和 PvOPBT 得分在该类中最高，四氯乙烯的 PBT 得分较高；滴滴涕的 PBT 得分在各有机污染物中最高并且 PvOPBT 得分在该类中最高。

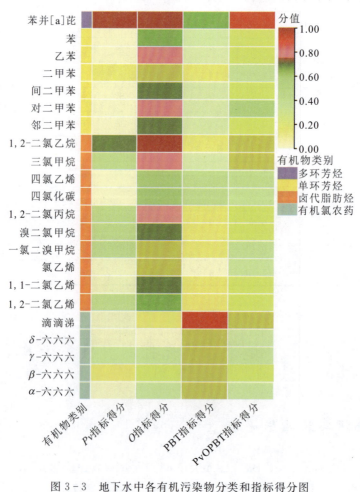

图 3-3　地下水中各有机污染物分类和指标得分图

二、各类有机污染物优先级排序和优先控制污染物指标得分特征

地下水中各有机污染物类别排序分级情况如图 3-4 所示，极高优先级污染物中只有多环芳烃类有机污染物，高优先级污染物中有卤代脂肪烃类有机污染物（66.7%）和有机氯农药类有机污染物（33.3%）两类，低优先级污染物中有单环芳烃类有机污染物（33.3%）、卤代脂肪烃类有机污染物（44.5%）和有机氯农药类有机污染物（22.2%）。

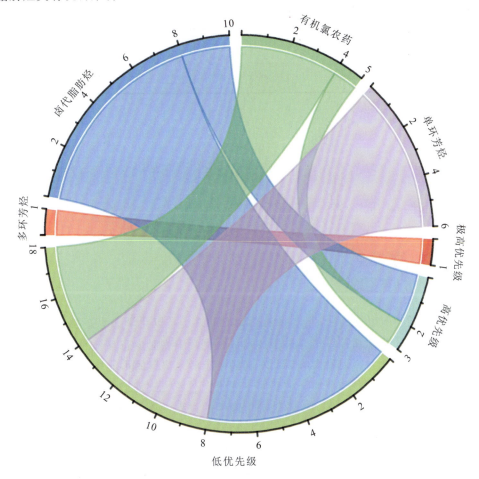

图 3-4　地下水中各类有机污染物优先级别数量与占比图

其中，极高优先级和高优先级中的有机污染物综合分值普遍较高，说明其综合危害程度高，因此将苯并[a]芘、1,2-二氯乙烷、滴滴涕和三氯甲烷识别为优先控制有机污染物。研究区内各优先控制污染物 PvOPBT 得分组成如图 3-5 所示。优先控制污染物的 Pv 得分、O 得分和 PBT 得分的平均值分别为 0.14、0.23 和 0.15，说明有机污染物的高优先级通常受自身浓度影响较大。但滴滴涕是例外，其高优先级主要取决于较高的 PBT 得分，而 Pv 得分和 O 得分较低。

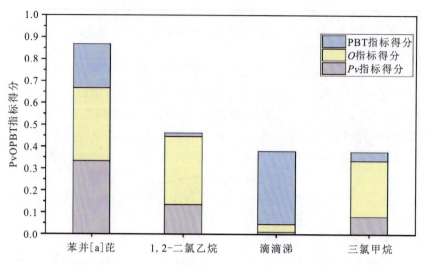

图 3-5　地下水优先控制污染物 PvOPBT 得分组成图

第四节　地下水优先控制污染物风险评价

一、生态风险评价

生态风险评价（ecological risk assessment，ERA）是以化学、生态学、毒理学为理论基础，应用物理学、数学和计算机等科学技术，预测污染物对生态系统的有害影响，评价风险受体在受一个或多个胁迫因素影响后，不利的生态后果出现的可能性。生态风险评价属于环境科学与数学风险论的交叉范畴，主要用于评价生态系统或其组分在暴露于一种或多种与人类活动相关的压力下，形成不利生态效应可能性的过程，重点评估人类活动造成生态环境的不利改变，为风险管理提供决策支持。

商值法（quotient）是美国国家环境保护局和欧盟推荐的生态风险评价方法（European Chemicals Bureau，2003），也是应用最普遍与最广泛的一种方法，通过制定分级标准对污染物存在的潜在生态风险进行比较直观的比较，定量表征污染物对生态环境不利影响的程度。此方法的数据和标准一般易于获得且成本低、便于操作，因此在生态环境管理初期可以通过设定合适物种的污染物标准浓度以方便对生态风险进行管理。

具体方法如下：将环境浓度与表征该物质危害程度的预测无效应浓度（predicted no effect concentration，PNEC）或现行的环境质量标准值相除来确定风险程度（沈英娃等，1991）。通常，将风险商值分为四类：其中具有急性毒性污染物的风险商值<0.01 为无风险，0.01≤风险商值<0.1 为低风险，0.1≤风险商值<1 为中风险，风险商值≥1 为高风险；没有急性毒性污染物的风险商值<0.1 为无风险，0.1≤风险商值<1 为低风险，1≤风险商值<10 为中风险，风险商值≥10 为高风险。

通过商值法对优先控制有机污染物和优先控制无机污染物中评价为轻污染、中污染和重污染的检出数据进行生态风险评价。优先控制无机污染物生态风险评价结果显示：0.1%的无机污染物处于无风险，60.0%处于低生态风险，37.7%处于中生态风险，2.2%处于高生态风险［图3-6（a）］；其中仅有Cl^-存在处于无生态风险的商值，同时它也有无机污染物中生态风险最高的商值，TH的生态风险商值在高生态风险中出现最少，而SO_4^{2-}整体生态风险商值略高于其余无机污染物。优先控制有机污染物生态风险评价结果显示：12.1%的优先控制有机污染物的生态风险商值处于无生态风险，54.6%处于低生态风险，28.8%处于中生态风险，4.5%处于高生态风险［图3-6（b）］；三氯甲烷的整体生态风险商值低于其余有机污染物且均处于低风险与无风险，存在中生态风险的优先控制有机污染物以苯并［a］芘为主，同时也有少量的1,2-二氯乙烷与滴滴涕的商值处于中生态风险，仅有少量的苯并［a］芘与滴滴涕处于高生态风险，其中苯并［a］芘有着有机污染物中生态风险最高的商值。

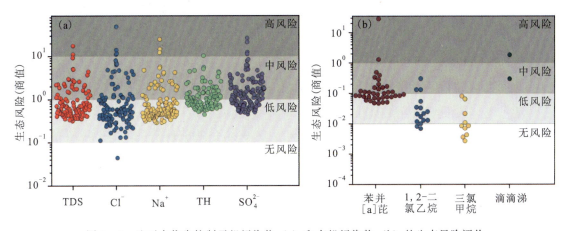

图3-6　地下水优先控制无机污染物（a）和有机污染物（b）的生态风险评价

二、健康风险评价

人体健康风险评估主要是指通过估算有害因子对人体不良影响发生的概率，评价暴露于该有害因子的个体健康受到影响的风险。它描述了人体接触有害物质时危害效应的特征，是一系列定性和定量评估方法的组合。人体健康风险评估以危害程度、剂量效应因素、不同途径的暴露评估与风险定量化描述为主要评价流程，需要综合判断风险的类型，即污染物质对人类和生态系统造成不利影响的类型，并用定量的方式表达出污染物质暴露量及其给受体造成的危害度之间的关系，即风险压力引起的受体的变化。其目的是分析和预测人类行为过程中可能发生的突发性事件或事故所造成的环境污染对人体健康的危害，并通过健康影响评估确定其可行性，人体潜在健康风险水平上限为1×10^{-4}，一般可接受水平为1.0×10^{-6}（Wang et al.，2021）。

通过危害评估将优先控制污染物分为致癌与非致癌两类，分别代入致癌与非致癌健康风险评价模型中进行评价。通过致癌健康风险评价模型，结合暴露剂量与致癌斜率因子分别对苯并［a］芘、1,2-二氯乙烷、三氯甲烷和滴滴涕进行健康风险评价，结果表明苯并［a］

芘、1,2-二氯乙烷、三氯甲烷和滴滴涕对成人的致癌健康风险平均值分别为 $7.39×10^{-6}$、$6.84×10^{-6}$、$3.69×10^{-7}$ 和 $1.51×10^{-7}$，对儿童的致癌健康风险平均值分别为 $1.59×10^{-5}$、$1.46×10^{-5}$、$7.92×10^{-7}$ 和 $3.25×10^{-7}$。致癌健康风险评价结果［图 3-7（a）］显示：在受污染的地下水中，57.6% 的致癌污染物对成人不具有致癌健康风险，40.9% 的致癌污染物对成人有低致癌健康风险，仅有 1.5% 的致癌污染物对成人有高致癌健康风险；22.7% 的致癌污染物对儿童不具有致癌健康风险，75.8% 的致癌污染物对儿童有低致癌健康风险，1.5% 的致癌污染物对儿童有高致癌健康风险。在受污染的地下水中，优先控制污染物对成人和儿童致癌健康风险由大到小依次为苯并［a］芘、1,2-二氯乙烷、三氯甲烷、滴滴涕。

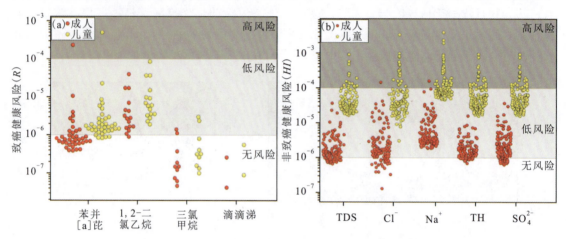

图 3-7 地下水优先控制污染物致癌健康风险评价结果（a）和非致癌健康风险评价结果（b）

通过非致癌健康风险评价模型，结合参考剂量与暴露参数分别对 TDS、Cl^-、Na^+、TH 和 SO_4^{2-} 进行健康风险评价，结果表明 TDS、Cl^-、Na^+、TH 和 SO_4^{2-} 对成人的非致癌风险平均值分别为 $2.69×10^{-6}$、$5.05×10^{-6}$、$8.71×10^{-6}$、$2.16×10^{-6}$ 和 $3.11×10^{-6}$，对儿童的非致癌风险得分平均值分别为 $6.73×10^{-5}$、$1.26×10^{-4}$、$2.18×10^{-4}$、$5.39×10^{-5}$ 和 $7.77×10^{-5}$。非致癌健康风险评价结果［图 3-7（b）］显示：在受污染的地下水中，17.1% 的非致癌污染物对成人不具有非致癌健康风险，82.6% 的非致癌污染物对成人有低非致癌健康风险，仅有 0.3% 的非致癌污染物对成人有高非致癌健康风险；79.3% 的非致癌污染物对儿童有低非致癌健康风险，20.7% 的非致癌污染物对儿童有高非致癌健康风险。在受污染的地下水中，优先控制污染物对成人和儿童的非致癌健康风险由大到小的污染物依次为 Na^+、Cl^-、SO_4^{2-}、TDS 和 TH。

受当地基础设施限制和经济条件的制约，减少高致癌风险地下水的暴露及其对居民健康的威胁可能是一个长期的过程。对于具有致癌与非致癌风险的局部区域，当地政府有关部门需要及时查明污染物的来源、制止所有污染地下水的行为并开展切实可行的污染修复。在高风险地区水源地的规划上，应当提前开展详细的地下水水质调查，避开已受污染的区域，划定地下水源保护区以防止附近人类活动对水源的直接污染。位于污染源下游的地下水源，应使主要污染物的浓度在向取水点运移过程中，降低到满足《地下水质量标准》（GB/T 14848—2017）Ⅲ类地下水的要求；此外，须加强水源地的地下水水质监测（如提高监测频率、相应地扩大监测指标范围等），以及时应对突发的水源污染。各优先控制污染物对儿童的致癌与非致癌健康风险均高于成人，这是由于儿童单位体重饮水量高于成人，使得儿童对优先控制污染物的致癌作用与非致癌作用更加敏感。因此需要加强儿童的风险防范意识，并减少儿童直接饮用或接触未处理的地下水。

第四章 地下水优先控制污染物分布特征及污染的影响因素

第一节 优先控制污染物的空间分布特征

一、不同地下水系统单元优先控制污染物的分布特征

不同地下水系统单元优先控制污染物汇总表（表 4-1）和地下水优先控制污染物分布图（图 4-1）显示，优先控制污染物检出点主要分布于在天山北麓中段与艾比湖水系，分别占准噶尔盆地优先控制污染物检出数量的 57.6% 和 25.7%，其次为额尔齐斯河流域、天山北麓东段、乌伦古河水系和吉木乃诸小河流域，分别占准噶尔盆地优先控制污染物检出数量的 6.3%、5.0%、3.6%、1.8%。在优先控制污染物中，轻度污染、中度污染和重度污染的 TDS、Cl^-、Na^+、TH 和 SO_4^{2-} 在各系统单元均有检出；苯并[a]芘的检出点分布在天山北麓中段、吉木乃诸小河流域、艾比湖水系、额尔齐斯河流域和乌伦古河水系；1,2-二氯乙烷的检出点分布于天山北麓中段、天山北麓东段、艾比湖水系、额尔齐斯河流域和乌伦古河水系；三氯甲烷检出点分布于天山北麓中段和乌伦古河水系；滴滴涕出现在额尔齐斯河流域和艾比湖水系。

表 4-1 不同地下水系统单元优先控制污染物汇总表

地下水系统单元	优先控制污染物	检出数量/个	检出数量占比/%
额尔齐斯河流域	TDS、Cl^-、Na^+、TH、SO_4^{2-}、苯并[a]芘、1,2-二氯乙烷、滴滴涕	44	6.3
乌伦古河水系	TDS、Cl^-、Na^+、TH、SO_4^{2-}、苯并[a]芘、1,2-二氯乙烷、三氯甲烷	25	3.6
吉木乃诸小河流域	TDS、Cl^-、Na^+、TH、SO_4^{2-}、苯并[a]芘	13	1.8
天山北麓东段	TDS、Cl^-、Na^+、TH、SO_4^{2-}、1,2-二氯乙烷	35	5.0
天山北麓中段	TDS、Cl^-、Na^+、TH、SO_4^{2-}、苯并[a]芘、1,2-二氯乙烷、三氯甲烷	405	57.6
艾比湖水系	TDS、Cl^-、Na^+、TH、SO_4^{2-}、苯并[a]芘、1,2-二氯乙烷、滴滴涕	181	25.7

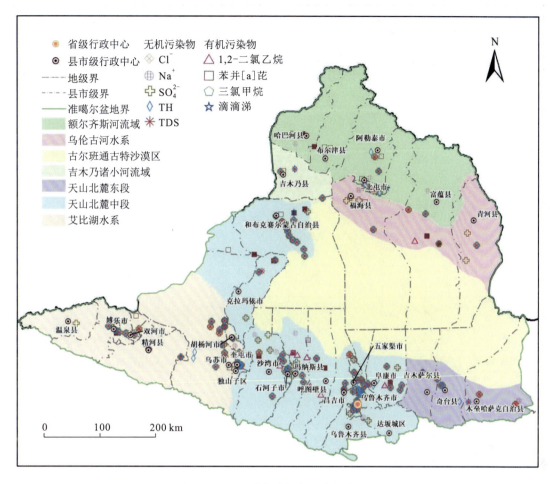

图 4-1 地下水优先控制污染物分布图

二、不同县市优先控制污染物的分布特征

不同县市优先控制污染物汇总表（表 4-2）与地下水优先控制污染物分布图显示，准噶尔盆地优先控制染物检出点主要分布于塔城地区、乌鲁木齐地区、昌吉回族自治州，分别占准噶尔盆地优先控制污染物检出数量的 26.3%、22.5%、21.9%；其次为阿勒泰地区、伊犁哈萨克自治州、博尔塔拉蒙古自治州、克拉玛依地区与石河子地区，分别占准噶尔盆地优先控制污染物检出数量的 11.0%、7.6%、6.2%、2.8% 与 1.7%。

塔城地区检出的优先控制污染物为 TDS、Cl^-、Na^+、TH、SO_4^{2-}、苯并[a]芘、1,2-二氯乙烷和三氯甲烷。其中苯并[a]芘在该地区各县市中均有检出；轻度污染、中度污染与重度污染的 TDS、Cl^-、Na^+、TH 和 SO_4^{2-} 主要分布在乌苏市、和布克赛尔蒙古自治县、沙湾市、胡杨河市；三氯甲烷仅在布克赛尔蒙古自治县检出；1,2-二氯乙烷仅在沙湾市检出。

乌鲁木齐地区检出的优先控制污染物为 TDS、Cl^-、Na^+、TH、SO_4^{2-}、苯并[a]芘和

表 4-2 不同县市优先控制污染物汇总表

地区	县市	优先控制污染物	检出数量/个	地区内占比/%	总占比/%
阿勒泰地区	阿勒泰市	TDS、Cl^-、Na^+、TH、SO_4^{2-}、苯并[a]芘	15	19.5	2.1
	富蕴县	TDS、Cl^-、Na^+、TH、SO_4^{2-}、苯并[a]芘、1,2-二氯乙烷、三氯甲烷	16	20.7	2.3
	福海县	TDS、Cl^-、Na^+、TH、SO_4^{2-}、苯并[a]芘	11	14.3	1.6
	吉木乃县	TDS、Cl^-、Na^+、TH、SO_4^{2-}、苯并[a]芘	8	10.4	1.1
	哈巴河县	Cl^-、Na^+、SO_4^{2-}、苯并[a]芘	6	7.8	0.9
	布尔津县	Cl^-、Na^+、苯并[a]芘	5	6.5	0.7
	青河县	TDS、TH、SO_4^{2-}	5	6.5	0.7
	北屯市	Cl^-、Na^+、TH、SO_4^{2-}、苯并[a]芘、1,2-二氯乙烷、滴滴涕	11	14.3	1.6
塔城地区	乌苏市	TDS、Cl^-、Na^+、TH、SO_4^{2-}、苯并[a]芘	77	41.9	11.0
	和布克赛尔蒙古自治县	TDS、Cl^-、Na^+、TH、SO_4^{2-}、苯并[a]芘、三氯甲烷	63	33.9	9.0
	沙湾市	TDS、Cl^-、Na^+、TH、SO_4^{2-}、苯并[a]芘、1,2-二氯乙烷	37	19.9	5.3
	胡杨河市	TDS、Cl^-、Na^+、TH、SO_4^{2-}	7	3.8	1.0
克拉玛依地区	克拉玛依市	TDS、Cl^-、Na^+、TH、SO_4^{2-}、苯并[a]芘	20	100.0	2.8
博尔塔拉蒙古自治州	博乐市	TDS、Cl^-、Na^+、TH、SO_4^{2-}、苯并[a]芘	22	50.0	3.1
	精河县	TDS、Cl^-、Na^+、TH、SO_4^{2-}、苯并[a]芘、滴滴涕	15	34.1	2.1
	温泉县	SO_4^{2-}	1	2.3	0.1
	双河市	TDS、TH、SO_4^{2-}	6	13.6	0.9
石河子地区	石河子市	TDS、TH、SO_4^{2-}、苯并[a]芘、三氯甲烷	12	100.0	1.7
乌鲁木齐地区	乌鲁木齐市	TDS、Cl^-、Na^+、TH、SO_4^{2-}、苯并[a]芘、三氯甲烷	155	98.1	22.1
	乌鲁木齐县	TDS、TH、SO_4^{2-}	3	1.9	0.4
昌吉回族自治州	五家渠市	TDS、Cl^-、Na^+、TH、SO_4^{2-}、三氯甲烷	16	10.4	2.2
	阜康市	TDS、Cl^-、Na^+、TH、SO_4^{2-}、苯并[a]芘、1,2-二氯乙烷	38	24.8	5.4
	玛纳斯县	TDS、Cl^-、Na^+、TH、SO_4^{2-}、苯并[a]芘、1,2-二氯乙烷	26	17.0	3.7
	昌吉市	TDS、Cl^-、Na^+、TH、SO_4^{2-}、苯并[a]芘、1,2-二氯乙烷	20	13.1	2.8
	木垒哈萨克自治县	TDS、Cl^-、Na^+、TH、SO_4^{2-}	18	11.8	2.6
	呼图壁县	TDS、Cl^-、Na^+、TH、SO_4^{2-}、苯并[a]芘、1,2-二氯乙烷	18	11.8	2.6
	奇台县	TDS、TH、SO_4^{2-}	11	7.2	1.6
	吉木萨尔县	TDS、Cl^-、Na^+、TH、SO_4^{2-}、1,2-二氯乙烷	6	3.9	0.9
伊犁哈萨克自治州	奎屯市	TDS、Cl^-、Na^+、TH、SO_4^{2-}、苯并[a]芘、1,2-二氯乙烷	53	100.0	7.5

三氯甲烷。其中该地区的优先控制污染物主要在乌鲁木齐市检出，乌鲁木齐县仅有少量轻度污染、中度污染与重度污染的 TDS、TH 和 SO_4^{2-}。

昌吉回族自治州检出的优先控制污染物为 TDS、Cl^-、Na^+、TH、SO_4^{2-}、苯并[a]芘、1，2-二氯乙烷和三氯甲烷。其中，轻度污染、中度污染与重度污染的 TDS、TH、SO_4^{2-} 在该地区各县市中均有检出；轻度污染、中度污染与重度污染的 Cl^- 和 Na^+ 在除奇台县外的各县市均有分布；苯并[a]芘在阜康市、玛纳斯县、昌吉市和呼图壁县均有检出；1，2-二氯乙烷在阜康市、玛纳斯县、昌吉市、呼图壁县和吉木萨尔县均有检出；三氯甲烷仅在五家渠市检出。

阿勒泰地区检出的优先控制污染物为 TDS、Cl^-、Na^+、TH、SO_4^{2-}、苯并[a]芘、1，2-二氯乙烷、三氯甲烷和滴滴涕。其中轻度污染、中度污染与重度污染的 Cl^-、Na^+ 和苯并[a]芘在该地区除青河县外的各县市均有检出；轻度污染、中度污染与重度污染的 TH 和 SO_4^{2-} 在除哈巴河县、布尔津县外的各县市均有检出；轻度污染、中度污染与重度污染的 TDS 分布在阿勒泰市、富蕴县、福海县、吉木乃县和青河县；1，2-二氯乙烷分布在富蕴县和北屯市；三氯甲烷仅在富蕴县检出；滴滴涕仅在北屯市检出。

伊犁哈萨克自治州在准噶尔盆地的县市仅有奎屯市，其中检出的优先控制污染物为 TDS、Cl^-、Na^+、TH、SO_4^{2-}、苯并[a]芘和1，2-二氯乙烷。

博尔塔拉蒙古自治州检出的优先控制污染物为 TDS、Cl^-、Na^+、TH、SO_4^{2-}、苯并[a]芘和滴滴涕。其中轻度污染、中度污染与重度污染的 SO_4^{2-} 在该地区各县市均有分布；轻度污染、中度污染与重度污染的 TDS、Cl^-、Na^+、TH 和苯并[a]芘分布在博乐市和精河县；滴滴涕仅在精河县检出。

克拉玛依地区的县市仅有克拉玛依市，其中检出的优先控制污染物为 TDS、Cl^-、Na^+、TH、SO_4^{2-} 和苯并[a]芘。

石河子地区的县市仅有石河子市，其中检出的优先控制污染物为 TDS、TH、SO_4^{2-}、苯并[a]芘和三氯甲烷。

第二节　地下水优先控制污染物污染的影响因素

一、包气带岩性对优先控制污染物污染的影响

准噶尔盆地包气带岩性主要分为4类：砂砾石、亚砂土、粉细砂及亚黏土。不同包气带岩性优先控制污染物检出频率如图4-2所示。其中优先控制无机污染物在亚砂土、粉细砂与亚黏土的检出频率较为均匀，但分布在包气带岩性为砂砾石的检出点多于其他3种岩性。主要原因是砂砾石颗粒之间的孔隙较大，有利于污染物的渗透和垂直迁移，因此更容易受到污染。在优先控制有机污染物中，滴滴涕分布在包气带岩性为砂砾石与亚砂土的区域，苯并[a]芘主要分布在包气带岩性为亚砂土、粉细砂与砂砾石区域，在颗粒间孔隙较小的亚黏土分布较少，而1，2-二氯乙烷和三氯甲烷分布规律与之相反，大部分检出点（>60%）分布在包气带岩土颗粒较小的亚黏土的区域。这是由于1，2-二氯乙烷与三氯甲烷属于挥发性有

机物，在孔隙较大的包气带中更容易挥发至地表，并且由于包气带中有机碳的含量会随着砂砾组分的增加而减少，降低了包气带对挥发性有机物的吸附作用，使其更容易挥发（李卫东，2021）；由于1，2-二氯乙烷与三氯甲烷在土壤和沉积物中的淋溶迁移性很高，即使在颗粒间孔隙较小的包气带中也容易迁移至地下水从而造成地下水的污染（李亚松等，2011；Jeong et al.，2022），并且小孔隙也能阻碍其挥发进入地表，为其提供了良好的赋存环境。

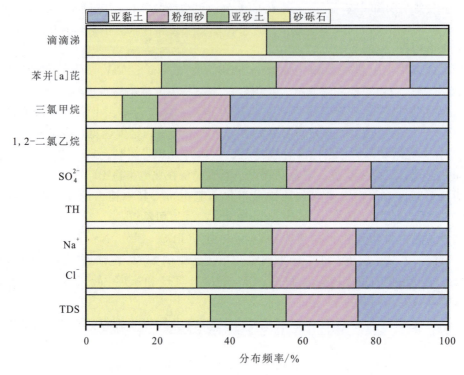

图 4-2 不同包气带岩性优先控制污染物检出频率图

二、开采地下水对优先控制污染物污染的影响

自 20 世纪 80 年代以来，新疆机井数量快速增长。受过去成井工艺的限制，准噶尔盆地混合开采与分层开采的机井对于不同含水层未进行止水或不完全止水造成上下层含水层串通，并且钻孔过程中原生地层结构被破坏，也会使得不同的含水层连通，加大了不同含水层的水力联系，最终导致含有优先控制污染物或存在天然劣质指标的含水层中的地下水迁移至其他含水层，加剧了地下水的污染。

随着准噶尔盆地机井数量的快速增加，地下水的开发利用经过分散、局部开采到集中大面积开采几个阶段，现已形成由单一形式到组合开发的多种地下水开发利用模式，如水源地集中开采、竖井排灌、井渠双灌、井泉联合和分散开采等，然而局部地段由于地下水过度超采形成了降落漏斗，同样会导致地下水水质朝着劣化方向发展。2018 年新疆维吾尔自治区人民政府办公厅印发《新疆地下水超采区划定报告》，在公布的 15 个地下水超采区中，准噶尔盆地内存在的超采区有乌鲁木齐超采区、昌吉州东部超采区、昌吉州阜康超采区、昌吉州西部超采区、奎屯超采区、塔城地区乌苏超采区、塔城地区沙湾超采区、石河子超采区 8 个超采区，超采区分布与本章讨论的优先控制污染物检出点主要分布相吻合。地下水的过度开采导致地下水埋深加大，包气带因此变厚，有利于 CO_2 气体的进入，增加了 CO_2 分压并降低了 pH 值，使得钙镁难溶盐进一步溶解，并且因为入渗补给路径的增加，延长了入渗补给水与包气带介质的物理、化学反应时间，表现为进入地下水中的 Ca^{2+} 和 Mg^{2+} 的浓度、TH 与 TDS 的浓度增加，而地下水对污染组分的稀释能力随着水位下降明显下降，导致水质劣化。水位下降导致饱水带转变为非饱和带，地下水赋存环境由还原环境转化为亚氧化-氧化环境，促进水体中的硫化物（如黄铁矿）等充分反应生成 SO_4^{2-}，导致地下水污染；此外，也能够促进包气带中硝化反应的进行，同时释放的 H^+ 导致地下水 pH 值降低，进一步增强了钙、镁等难溶盐的溶解，导致地下水 TH 与 TDS 浓度增加（王新娟等，2016）。

在超采区，地下水水位由于过度开采不断下降，天然状态下的地下水流场随之改变，地下水流系统由区域水流系统向局部水流系统转变并形成地下水降落漏斗。在地下水向漏斗区径流的同时，漏斗外围已经受到污染的地下水和天然劣质地下水，受水头差和浓度差的共同作用也会向漏斗区运移。准噶尔盆地中的多个超采区位于古尔班通古特沙漠边缘，该地区不仅受强烈的蒸发浓缩作用的影响，而且位于各地下水系统的下游排泄区，因此地下水严重咸化，地下水中多种无机组分（如 Cl^-、TDS 和 SO_4^{2-} 等）的天然背景值均高于相邻地下水系统的无机组分背景值（表 3-2）。因此，超采产生的降落漏斗有可能使漏斗边缘区域的优先控制污染物对超采区域地下水造成进一步的污染。对于地下水超采区应当通过合理规划和实施减量方案，降低地下水使用量，避免出现超采现象，建议加强当地的地下水监测并建立完善的监测网络，定期对地下水水位、水质进行监测，及时发现与控制超采的情况；并在此基础上发展人工补给技术，采用人工补给方式，增加地下水补给量，同时依靠引进外部水源来替代地下水，减少地下水开采量，从而维持地下水资源平衡。

三、土地利用方式与污染源对优先控制污染物污染的影响

准噶尔盆地土地利用类型主要分为耕地、林地、草地、水域及水利设施用地（简称"水域"），建设用地和未利用土地 6 个一级类型（图 2-3）。本次研究选取优先控制污染物检出点半径 500 m 范围内的区域作为污染贡献区，并统计各土地利用类型在不同污染贡献区的面积占比（图 4-3）。

污染贡献区中土地利用类型主要是耕地与建设用地，因此各优先控制污染物可能受农业活动、生活与生产活动的影响大。其中，耕地在苯并[a]芘、滴滴涕与各优先控制无机污染物的贡献区比例最大，这是由于 Na^+、Cl^-、TDS、TH 和 SO_4^{2-} 均是各类无机化肥（氮肥、磷肥、钾肥和复合肥等）的常规化学组分，苯并[a]芘是氮磷钾复合肥的主要有机组分，新疆主要作物的化肥利用率不足 50%（汤明尧等，2022），由此可见，化肥的低利用率导致其中大量的化学组分残留在土壤中，并随着农田灌溉、雨水和冰雪融化渗入地下水造成各优先控制污染物的污染。其次，准噶尔盆地内存在多个污灌区，部分污灌区的供水区水质极差（劣 V 类）（杨玉麟等，2019），并且随着重复污灌，土壤中的多环芳烃、Na^+、Cl^-、TDS、TH 和 SO_4^{2-} 等无机盐组分也会累积，最后通过农田灌溉、雨水和冰雪融化渗入地下水造成各优先控制污染物的污染。此外准噶尔盆地的作物包括谷物和棉花等，这些作物收割

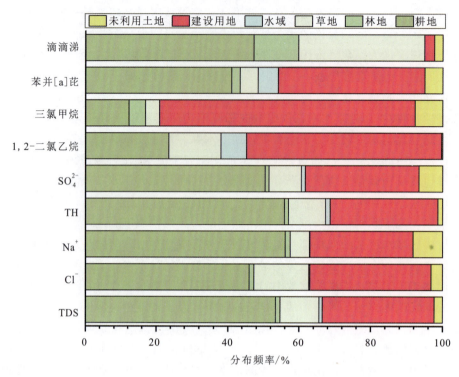

图 4-3 污染贡献区不同土地利用类型面积占比统计图

后会产生秸秆等农业垃圾,将秸秆直接在耕地焚烧或作为燃料进行焚烧是过去部分地区的农业垃圾处理方式之一,虽然这种方式逐渐被禁止,但过去焚烧中产生含有苯并[a]芘的残余物也会随着雨水、融雪和灌溉等方式进入地下水。滴滴涕曾是广泛使用的杀虫剂,由于疏水性强、难以降解且毒性高,在 1983 年已被我国政府禁止使用与生产,但因为过去的大量使用和滴滴涕本身化学性质稳定、难以降解,仍然广泛存在于各环境介质中并对生态系统与人体健康产生危害,因此需要重点关注。1,2-二氯乙烷的污染贡献区中也有较多的耕地分布(占比＞20%),农业活动中使用的土壤消毒剂或谷物熏蒸剂可能是导致该地区 1,2-二氯乙烷进入地下水的因素之一。

因此,有关部门应该加强管理和监督,推广科学种植技术,引导农民遵循正确的化肥、农药的使用方法,并引进、开发和应用新型农业技术,如有机肥料等,减少化学农药和化肥的使用,改善农业生产对地下水环境的影响,从源头上减少对地下水环境的污染。

除滴滴涕外的各优先控制污染物污染贡献区同样分布有大面积(占比＞25%)的建设用地,结合优先控制污染物分布特征与新疆维吾尔自治区生态环境厅发布的《2015 年新疆重点污染源基本信息表》《2017 全疆重点污染源基本信息表》进一步分析,建设用地主要为工厂、工业园区用地,少部分为居民用地,这表明此处的地下水水质可能受生活、生产等活动影响而造成污染。

在生产过程和后期加工过程中,均有大量工业废水产生,高盐废水(即有机物和 TDS 的质量分数大于 3.5% 的废水)就是一种非常有代表性的工业废水类型。也有研究者认为高盐废水是指水体含盐量超过 1000 mg/L 的水(田彩云等,2016)。例如在制革及纺织行业中，浆纱漂洗及其他工序都要添加酸性或碱性物质，从而会产生大量高含盐废水。在食品加工行业的清洗等过程中，还有腌制蔬菜及酿制酱油时均会加入高盐添加剂最后形成高盐废水。在煤炭与石油化工行业的开采以及炼化过程中，都会排放出大量的高含盐废水，电厂在燃煤发电和烟气脱硫处理的过程中，也会产生高含盐有机废水（周玉珠，2021）。高盐废水具有无机盐指标 K^+、Na^+、Ca^{2+}、Mg^{2+}、F^-、Cl^-、SO_4^{2-} 等浓度高，且难被生化降解等特点，高盐废水的不当处理与排放可能会导致各无机盐化学指标进入地下水造成污染。

城市化发展和人民的生活水平普遍提高，也带来了生活垃圾的迅猛增长。当前城市垃圾的主要处理方式是地下填埋，但是垃圾填埋场的垃圾长时间堆积之后会不断产生含有较多 SO_4^{2-}、Cl^-、NH_4^+ 的混杂物质，这些次生产物如果没有经过科学的处理渗透进土壤内部，就会对地下水造成严重的污染。

工业活动产生的苯并[a]芘主要来源于焦化煤气生产、工业锅炉使用、石油加工、钢铁冶炼等行业的废水、废气和固体废弃物（简称"三废"）中，并且工业园区或工厂的交通运输频繁，轮胎磨损、路面磨损、汽车发动机运行产生的含有苯并[a]芘的颗粒可能通过降水入渗进入地下水造成污染（Begeman et al.，1968）。因此频繁的工业活动和交通运输活动可能是该地区苯并[a]芘的主要来源。部分建设用地中的苯并[a]芘检出点出现在加油站附近（<100 m）。石油与柴油的主要成分为烷烃类、烯烃类和芳香烃类，苯并[a]芘是芳香烃类中的重要组分，如果加油站发生燃油泄漏可能会导致苯并[a]芘进入地下水中。

1，2-二氯乙烷大量应用于金属去油及除漆，黏合剂和消毒剂制造，蜡、橡胶的加工，洗脱剂、药物和塑料制品合成，氯乙烯等氯代烃类物质、胺类和碳氟化合物的生产等领域，广泛存在于化工过程之中，其年产量达数千万吨，是工业生产中产量最大的合成氯化物。含 1，2-二氯乙烷的废水也成为石油化工行业中一类常见的废水，因此工业废水的不当排泄可能是导致 1，2-二氯乙烷进入地下水的主要因素（赵兰辉，2021）。

在工业活动中（如染料、油脂、香料和橡胶的制造），三氯甲烷因其良好的溶解及萃取性能而具有广泛的用途，萃取过程中的乳化和夹带现象会产生含有三氯甲烷的废液，并且用氯化物来处理含有甲基酮结构的化合物或乙醛及其卤素衍生物（或可氧化为这些化合物或衍生物的物质）工业废水，特别是碱性条件下，就会发生利本（Liben）反应生成三氯甲烷。此外，使用氯气和次氯酸钙是水处理厂中常见的水净化方式，居民家中也常用含氯清洗剂，比如漂白剂。氯气、次氯酸钙与含氯清洗剂与水中的天然腐殖质反应会产生含有三氯甲烷的副产品而随着管道泄漏进入地下水（Okoya et al.，2020）。

因此，应当加强对优先控制污染物检出区域内工业企业的监管执法，依法查处违规排放行为，引导企业依法合规生产，并建立完善的环境监测体系和网络，及时掌握污染源、排放情况和地下水质量状况，为地下水污染的预防与治理提供可靠的依据。当地企业也应当优先采用清洁生产技术，减少工业生产过程中产生的废气、废水和废渣等有害物质的排放，避免对地下水环境造成污染。

第五章 地下水水化学特征及质量时空演化规律

地下水资源在自然循环过程中，与接触的岩石圈进行着物质、能量和信息的交换，水化学特征在时空上呈规律性演变，在一定程度上反映了地质背景、水文地质条件和地下水赋存情况。本章依据地下水水质资料分析天山北麓中段绿洲带不同含水层常规指标和微量组分含量、地下水水化学特征。采用单因子评价法、熵权-TOPSIS综合评价法对地下水质量进行分析评价；采用综合污染指数法对地下水污染进行评价。同时，分析乌-昌-石城市群典型区地下水质量与污染年际动态变化特征，从不同尺度（绿洲带、典型区）分析地下水水质时空演化规律。

第一节 天山北麓中段绿洲带地下水水化学参数统计

一、地下水常规指标含量统计

天山北麓中段绿洲带1982—2018年1002组地下水水质资料的分析结果表明（表5-1），绿洲带地下水pH值介于6.35~9.68之间，平均值为8.00；TDS变化范围为97.00~22 388.00 mg/L，平均值为715.79 mg/L；TH介于5.98~3 619.73 mg/L之间，平均值为276.70 mg/L，表明地下水整体为弱碱低矿化度微硬水（150 mg/L≤TH<300 mg/L）。主要阳离子含量顺序为$K^++Na^+>Ca^{2+}>Mg^{2+}$，主要阴离子含量顺序为$SO_4^{2-}>HCO_3^->Cl^-$。

单一结构潜水pH值范围为6.35~9.22，平均值为7.83；TDS含量相对较低，介于114.00~8 882.00 mg/L之间，平均值为569.63 mg/L；TH变化范围为6.97~2 860.38 mg/L，平均值为277.30 mg/L，整体为弱碱性低矿化度微硬水。主要阳离子含量顺序为$K^++Na^+>Ca^{2+}>Mg^{2+}$，主要阴离子含量顺序为$HCO_3^->SO_4^{2-}>Cl^-$，变异系数（coefficient of variation，CV）中除pH值为弱变异（CV≤10.0%），Ca^{2+}、HCO_3^-和TH属于中等变异（10.0%<CV<100.0%）外，其余组分均为强变异（CV≥100.0%）。

多层结构潜水pH值介于6.86~9.68之间，平均值为8.07，TDS变化范围为104.00~18 668.00 mg/L，平均值为1 385.26 mg/L，整体以弱碱微咸水为主，按TH变化范围（TH介于6.88~3 347.85 mg/L之间，平均值为443.60 mg/L）划分为微硬水，主要阳离子含量顺序为$K^++Na^+>Ca^{2+}>Mg^{2+}$，主要阴离子含量顺序为$SO_4^{2-}>Cl^->HCO_3^-$，除pH和HCO_3^-分别为弱变异和中等变异外，其余组分均为强变异。

承压水pH值范围为6.43~9.53，平均值为8.21，TDS和TH变化范围分别为97.00~22 388.00 mg/L和5.98~3 619.73 mg/L，平均值分别为549.68 mg/L和183.60 mg/L，

表 5-1 天山北麓中段绿洲带不同地下水类型常规指标含量统计

地下水类型	组分	最大值	最小值	平均值	标准差	变异系数/%
单一结构潜水 ($n=494$)	K^++Na^+	1 939.54	0.30	78.06	131.01	167.8
	Ca^{2+}	878.63	1.67	74.25	72.05	97.0
	Mg^{2+}	364.57	0.61	24.64	30.10	122.2
	Cl^-	2 830.73	0.70	79.21	192.8	243.4
	SO_4^{2-}	2 979.72	10.10	164.68	230.44	139.9
	HCO_3^-	807.10	61.80	179.99	93.32	51.8
	pH	9.22	6.35	7.83	0.38	4.9
	TDS	8 882.00	114.00	569.63	642.18	112.7
	TH	2 860.38	6.97	277.30	272.85	98.4
多层结构潜水 ($n=192$)	K^++Na^+	4 961.37	7.50	290.14	584.18	201.3
	Ca^{2+}	545.00	0.03	100.38	102.97	102.6
	Mg^{2+}	568.63	0.60	52.04	84.73	162.8
	Cl^-	4 115.71	4.23	311.92	665.11	213.2
	SO_4^{2-}	7 592.76	22.55	473.31	843.57	178.2
	HCO_3^-	660.62	51.05	192.88	125.73	65.2
	pH	9.68	6.86	8.07	0.51	6.3
	TDS	18 668.00	104.00	1 385.26	2 270.52	163.9
	TH	3 347.85	6.88	443.60	550.55	124.1
承压水 ($n=316$)	K^++Na^+	5 977.15	4.29	118.19	361.60	305.9
	Ca^{2+}	565.10	1.20	41.94	51.95	123.9
	Mg^{2+}	653.85	0.24	18.52	48.63	262.6
	Cl^-	4 980.00	1.07	100.34	341.83	340.7
	SO_4^{2-}	9 345.16	7.65	167.40	566.78	338.6
	HCO_3^-	728.70	71.20	142.90	65.03	45.5
	pH	9.53	6.43	8.21	0.55	6.7
	TDS	22 388.00	97.00	549.68	1 378.16	250.7
	TH	3 619.73	5.98	183.60	302.34	164.7

注：n 为样本数，pH 为无量纲，其余指标单位为 mg/L。

整体为弱碱性低矿化度微硬水。结果表明：在水平方向上，从山前倾斜平原单一结构潜水到冲积平原多层结构潜水各组分平均含量整体呈增加趋势；在垂向上，冲积平原多层结构潜水各化学指标平均含量（除 pH 外）均较承压水高。

二、地下水微量组分含量统计

天山北麓中段绿洲带 1002 组地下水水质资料中，共有 574 组样本中含硝酸盐氮（NO_3-N）、亚硝酸盐氮（NO_2-N）、氨氮（NH_4-N）、As、F^-、I^-、总铁（TFe）和 Mn。天山北麓中段绿洲带地下水微量组分含量的统计结果表明（表 5-2），地下水NO_3-N、

表 5-2　天山北麓中段绿洲带不同地下水类型中微量组分含量统计

地下水类型	组分	范围	平均值	检出率/%	标准差	变异系数/%
单一结构潜水 ($n=216$)	NO_3-N	0.02~74.39	4.62	100.0	6.85	148.3
	NO_2-N	ND.~0.48	0.04	42.4	0.04	100.0
	NH_4-N	ND.~0.36	0.04	42.2	0.05	125.0
	As	ND.~23.4	2.22	34.0	2.94	132.4
	F^-	0.08~1.90	0.29	100.0	0.2	69.0
	I^-	ND.~0.06	0.01	31.2	0.01	100.0
	TFe	ND.~0.06	0.08	50.0	0.19	237.5
	Mn	ND.~0.37	0.02	13.3	0.04	200.0
多层结构潜水 ($n=152$)	NO_3-N	ND.~29.30	2.06	81.8	4.62	224.3
	NO_2-N	ND.~1.19	0.12	47.8	0.11	550.0
	NH_4-N	ND.~1.10	0.07	61.3	0.15	214.3
	As	ND.~84.20	10.95	64.6	16.17	147.7
	F^-	0.10~8.34	0.93	100.0	1.19	128.0
	I^-	ND.~0.41	0.04	57.8	0.07	175.0
	TFe	ND.~4.67	0.28	73.2	0.65	232.1
	Mn	ND.~5.89	0.17	61.7	0.56	329.4
承压水 ($n=206$)	NO_3-N	ND.~10.45	0.93	83.2	1.68	180.6
	NO_2-N	ND.~2.69	0.02	46.3	0.20	1 000.0
	NH_4-N	ND.~114.41	0.73	60.1	8.59	1 176.7
	As	ND.~887.00	17.82	74.0	69.35	389.2
	F^-	0.10~17.24	0.93	100.0	1.77	190.3
	I^-	ND.~0.64	0.05	69.3	0.08	160.0
	TFe	ND.~10.72	0.20	59.5	0.82	410.0
	Mn	ND.~1.10	0.06	52.7	0.14	233.3

注：n 为样本数，ND. 表示未检出，As 单位为 μg/L，其余组分单位为 mg/L。

NO_2-N 和 NH_4-N 含量分别介于 ND.~74.39 mg/L、ND.~2.69 mg/L 和 ND.~114.41 mg/L 之间，平均值分别为 2.70 mg/L、0.02 mg/L 和 0.28 mg/L。As、F^- 和 I^- 含量范围分别为 ND.~887.00 μg/L、0.08~17.24 mg/L 和 ND.~0.64 mg/L，平均值分别为 11.20 μg/L、0.68 mg/L 和 0.04 mg/L，其中高砷（As≥10.0 μg/L）、高氟（F^->1.0 mg/L）和高碘（I^->0.1 mg/L）地下水分别占总样本数的 21.5%、12.7% 和 10.2%。TFe 和 Mn 含量范围分别介于 ND.~10.72 mg/L 和 ND.~5.89 mg/L 之间，平均值分别为 0.18 mg/L 和 0.07 mg/L，高铁（Fe>0.3 mg/L）和高锰（Mn>0.1 mg/L）地下水分别占总样本数的 12.5% 和 12.0%。

不同含水层中，山前倾斜平原单一结构潜水 NO_3-N 含量较高，变化范围为 0.02~74.39 mg/L，平均值为 4.62 mg/L。NO_2-N 主要分布于冲积平原多层结构潜水含水层，含量范围为 ND.~1.19 mg/L，平均值为 0.12 mg/L；冲积平原承压含水层 NH_4-N 含量较高，变化范围为 ND.~114.41 mg/L，平均值为 0.73 mg/L。各含水层中 NO_3-N、NO_2-N 和 NH_4-N 变异系数均较大，其中承压水 NO_2-N 和 NH_4-N 变异系数分别达到 1 000.0% 和 1 176.7%，表明可能存在点源污染。

As、F^- 和 I^- 主要富集于承压含水层，承压水中高砷、高氟和高碘地下水分别占总样本数的 13.4%、5.5% 和 6.5%，检出率分别为 74.0%、100.0% 和 69.3%。承压水 As、F^- 和 I^- 含量范围分别为 ND.~887.00 μg/L、0.1~17.24 mg/L 和 ND.~0.64 mg/L，平均值分别为 17.82 μg/L、0.93 mg/L 和 0.05 mg/L。在水平方向上，从山前倾斜平原潜水到冲积平原多层结构潜水，As、F^- 和 I^- 平均含量整体呈增大趋势；在垂向上，冲积平原承压水 As、F^- 和 I^- 平均含量几乎均较潜水高，这可能与原生地层有关。

TFe 和 Mn 主要富集于多层结构潜水含水层，含量分别介于 ND.~4.67 mg/L、ND.~5.89 mg/L 之间，平均值分别为 0.28 mg/L 和 0.17 mg/L。多层结构潜水中高铁和高锰地下水分别占总样本数的 5.6% 和 7.6%。

第二节 天山北麓中段绿洲带地下水水化学类型

采用舒卡列夫分类法结合 Piper 三线图，对天山北麓中段绿洲带 1982—2018 年间地下水水化学类型进行分类（图 5-1）。绿洲带单一结构潜水水化学类型以 $HCO_3 \cdot SO_4$-Ca（Ca·Na）(Na·Ca) 型和 HCO_3-Ca·Na（Ca）型为主；多层结构潜水水化学类型以 $HCO_3 \cdot SO_4$-Na（Na·Ca）(Ca) 型和 $SO_4 \cdot Cl$-Na（Na·Ca）(Ca·Na) 型为主；承压水水化学类型以 HCO_3^- Na·Ca（Na）(Ca·Na) 型和 $SO_4 \cdot HCO_3$-Na（Ca·Na）(Ca) 型为主。

在天山北麓中段绿洲带 1982—2018 年间地下水水化学类型分类中，1982 年单一结构潜水水化学类型以 HCO_3-Ca（Ca·Na）型和 $HCO_3 \cdot SO_4$-Ca 型为主[图 5-1（a）]，多层结构潜水水化学类型以 $SO_4 \cdot Cl$-Na（Na·Ca）型为主，承压水水化学类型以 HCO_3-Na 型和 $HCO_3 \cdot SO_4$-Na 型为主。2010 年单一结构潜水水化学类型以 $HCO_3 \cdot SO_4$-Ca（Ca·Na）(Na·Ca) 型和 HCO_3-Ca·Na（Ca）型为主[图 5-1（b）]，多层结构潜水水化学类型以 $SO_4 \cdot Cl$-Na（Na·Ca）型为主，承压水水化学类型以 $HCO_3 \cdot SO_4$-Na·Ca（Ca·

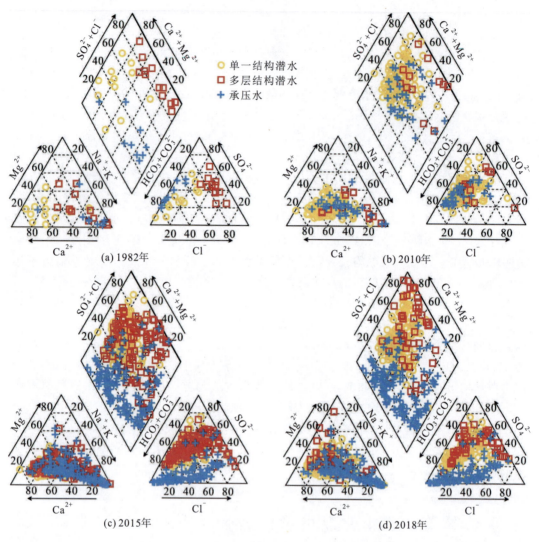

图 5-1 天山北麓中段绿洲带地下水 Piper 三线图

Na)(Na)型为主。2015 年单一结构潜水水化学类型以 HCO$_3$·SO$_4$-Ca·Na(Ca)(Na·Mg)(Na·Ca)(Ca·Mg)型为主[图 5-1(c)],多层结构潜水水化学类型以 HCO$_3$·SO$_4$-Na(Ca)(Na·Ca)(Ca·Mg)和 SO$_4$·Cl-Na(Na·Ca)型为主,承压水水化学类型主要为 HCO$_3$-Na·Ca(Na)(Ca·Na)型。2018 年单一结构潜水水化学类型主要为 HCO$_3$·SO$_4$-Ca(Ca·Na)(Na·Ca)(Ca·Mg)型[图 5-1(d)],多层结构潜水水化学类型以 SO$_4$·HCO$_3$-Na·Ca 型、HCO$_3$·SO$_4$-Na·Ca 型和 Cl·SO$_4$-Ca·Na 型为主,承压水水化学类型以 HCO$_3$·SO$_4$-Na·Ca(Ca·Na)(Na)型、SO$_4$-Na 型和 HCO$_3$-Na·Ca(Na)型为主。由此可以看出,天山北麓中段绿洲带地下水水化学类型随时间变化趋于复杂,主要体现在多层结构潜水和承压水中。

第三节 天山北麓中段绿洲带地下水质量评价

一、单因子评价

选取天山北麓中段绿洲带地下水中 Na^+、Cl^-、SO_4^{2-}、pH、TDS、TH、NO_3-N、NO_2-N、NH_4-N、As、F^-、I^-、TFe 和 Mn 作为地下水质量评价指标，当地下水各组分含量超过《地下水质量标准》(GB/T 14848—2017) Ⅲ类标准限值，即为水质超标。

由单因子评价结果［图 5-2 (a)］可以看出，天山北麓中段绿洲带地下水质量整体较好，以Ⅱ类地下水为主，Ⅰ类～Ⅴ类水样分别占总水样（1002 组）的 8.6％、35.2％、17.5％、18.9％和 19.8％，超标率为 38.7％。地下水质量类别随时间（1982—2018 年）变

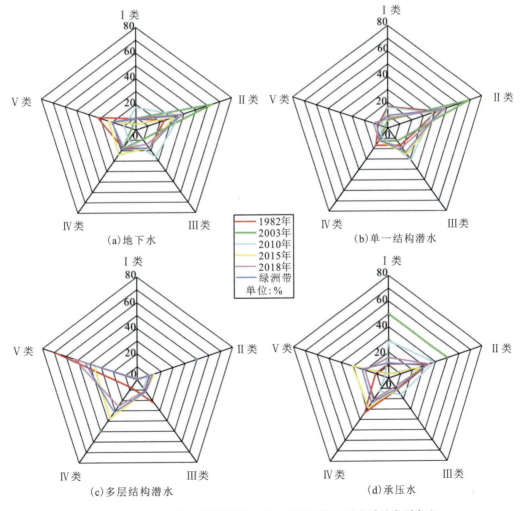

图 5-2 天山北麓中段绿洲带 1982—2018 年间地下水质量类别占比

化整体呈稳定趋势，除1982年外（地下水质量类别以Ⅴ类为主，占比32.4%），2003—2018年地下水质量类别均以Ⅱ类为主，分别占各年份总水样的63.6%、36.2%、31.2%和39.1%。各年份地下水质量超标率随时间变化呈波动下降趋势，超标率分别为50.1%、27.3%、20.0%、46.9%和37.4%。

天山北麓中段绿洲带单一结构潜水质量类别整体以Ⅱ类为主[图5-2（b）]，占单一结构潜水总水样（494组）的45.7%，超标率为20.9%。单一结构潜水质量类别随时间（1982—2018年）变化整体呈稳定趋势，各年份地下水质量类别均以Ⅱ类为主，分别占各年份单一结构潜水总水样的41.7%、68.8%、38.5%、50.0%和49.2%，超标率分别为25.0%、25.0%、14.5%、21.7%和24.6%。

多层结构潜水质量类别整体以Ⅴ类为主[图5-2（c）]，占多层结构潜水总水样（192组）的44.0%，超标率为75.4%。2003年4组多层结构潜水，Ⅱ类和Ⅳ类各占50.0%；1982年、2010年和2018年质量类别均以Ⅴ类水为主，分别占各年份多层结构潜水总水样的69.2%、66.7%和53.2%；2015年多层结构潜水质量类别以Ⅳ类水为主，占比37.4%。1982年、2003年、2010年、2015年和2018年多层结构潜水超标率分别为76.9%、50.0%、66.7%、73.9%和78.7%。

承压水质量类别整体以Ⅱ类为主[图5-2（d）]，占承压水总水样（316组）的31.4%，超标率为46.6%。1982年9组承压水Ⅱ类和Ⅳ类均占25.0%；2003年2组承压水，Ⅰ类和Ⅱ类各占50.0%；2010年和2018年承压水质量类别均以Ⅱ类为主，占比38.7%和34.5%；2015年承压水质量类别以Ⅳ类为主，占34.4%。1982年、2010年、2015年和2018年承压水超标率分别为44.4%、16.1%、59.7%和41.2%。

二、地下水质量综合评价

熵权法中各组分权重取决于评价因子样本信息的大小。将水质标准中各组分分级标准限值与实际值形成增广矩阵构成水质评价初始决策矩阵，利用熵权法得到各组分客观权重（表5-3）。地下水中各组分权重大小排序为$NH_4-N>Cl^->NO_3-N>Na^+>SO_4^{2-}>TFe>As>TDS>Mn>NO_2-N>TH>F^->I^->pH$。其中，$NH_4-N$的权重系数（0.218）最大，pH的权重系数（0.0001）最小，表明NH_4-N在综合评价中起主导作用，pH对地下水质量评价影响相对较小。

表5-3 天山北麓中段绿洲带地下水中各组分权重值

组分	信息熵	权重系数	组分	信息熵	权重系数
Na^+	0.868	0.082	NO_2-N	0.927	0.045
Cl^-	0.816	0.114	NH_4-N	0.649	0.218
SO_4^{2-}	0.876	0.077	As	0.892	0.067
pH	1.000	0.001	F^-	0.949	0.032
TDS	0.906	0.058	I^-	0.963	0.023
TH	0.934	0.041	TFe	0.877	0.076
NO_3-N	0.824	0.109	Mn	0.910	0.056

地下水质量综合评价得到各组分理想解的相对贴近度（C），Ⅰ类～Ⅴ类地下水质量类别分界线值（C）分别为0.010、0.021、0.040和0.076，表明各组分同为负向趋势，即C值越小地下水质量越好，C值越大地下水质量越差。

天山北麓中段绿洲带地下水质量综合评价的结果显示，绿洲带地下水各组分相对贴近度C值，介于0.002~0.985之间，平均值为0.031。由图5-3可以看出，绿洲带地下水质量类别以Ⅰ类为主，占总水样（1002组）的33.3%，Ⅱ类、Ⅲ类、Ⅳ类和Ⅴ类水样分别占总水样的29.7%、16.9%、14.2%和5.9%，超标率占比20.1%。单一结构潜水质量类别主要流向Ⅰ类和Ⅱ类地下水，Ⅰ类～Ⅴ类水样分别占单一结构潜水水样的36.5%、34.9%、18.2%、7.3%和3.1%，超标率占比10.4%；多层结构潜水质量类别主要流向Ⅳ类地下水，Ⅰ类～Ⅴ类水样分别占多层结构潜水水样的15.7%、19.4%、19.9%、27.7%和17.3%，超标率占比45.0%；承压水水质类别主要流向Ⅰ类地下水，Ⅰ类～Ⅴ类水样分别占承压水水样的39.3%、27.2%、12.5%、17.6%和3.4%，超标率占比21.0%。

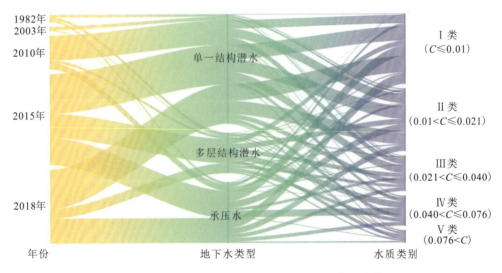

图5-3 天山北麓中段绿洲带地下水质量综合评价结果

对比熵权-TOPSIS综合评价与单因子评价结果可以看出，熵权-TOPSIS评价法中Ⅱ类～Ⅴ类地下水比重均低于单因子评价，两者契合频次为402次，契合度为40.1%，这比其他综合评价法（内梅罗指数法、模糊综合评价法）和单因子评价法契合度较高（时雯雯等，2021）。熵权-TOPSIS评价法考虑水质评价因子之间的横向联系，解决了单因子法"以偏概全"难以客观反映地下水质量真实情况的不足，评价效果相对较好。

第四节 天山北麓中段绿洲带地下水质量时空演化特征

一、地下水质量时间演化特征

以天山北麓中段绿洲带1982—2018年地下水质量综合评价结果中不同类别所占百分比

和相对贴近度 C 平均值的变化来分析绿洲带地下水质量的时间变化。由绿洲带 1982—2018 年地下水质量变化特征（图 5-4）可以看出，相对贴近度 C 平均值和Ⅳ类地下水比例随时间变化的趋势基本一致，呈先减小后增大再减小的变化趋势；Ⅱ类和Ⅲ类地下水比例呈先增加再减小趋势；Ⅰ类地下水比例呈增加趋势；Ⅴ类地下水比例呈先减小后趋于稳定的变化趋势。1982 年、2003 年和 2010 年地下水质量类别均以Ⅱ类为主，分别占比 35.3%、68.2% 和 36.3%；2015 和 2018 年地下水质量类别以Ⅰ类为主，分别占比 32.8% 和 37.5%。1982—2018 年间地下水质量类别超标率分别为 23.5%、0.0%、11.9%、23.6% 和 20.6%，大致呈波动增加趋势。

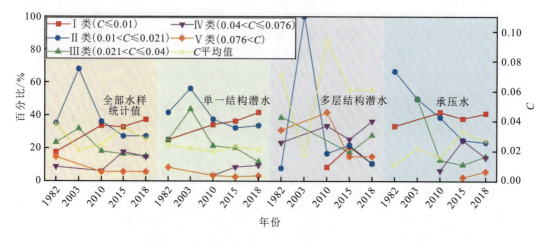

图 5-4　天山北麓中段绿洲带 1982—2018 年地下水质量变化特征

单一结构潜水中 C 平均值比例随时间变化呈先减少后增大再减小趋势（图 5-4）；Ⅰ类地下水比例呈增加趋势；Ⅱ类地下水比例呈先增大后减小再增大趋势；Ⅲ类地下水比例呈先增加再减小趋势；Ⅳ类地下水比例呈增加趋势；Ⅴ类地下水比例呈减少趋势。1982 年、2003 年和 2010 年地下水以Ⅱ类水为主，分别占比 41.7%、56.25% 和 37.6%，2015 年和 2018 年地下水以Ⅰ类水为主，分别占比 36.5% 和 41.7%，1982—2018 年间地下水超标率分别为 8.3%、0.0%、6.8%、11.1% 和 12.8%，大致呈波动增加趋势。

由于 2003 年多层结构潜水样本较少，各年份 C 平均值和Ⅱ类地下水比例波动较大，除 2003 年外，其余各年份 C 平均值均大于 0.06（图 5-4）。Ⅰ类水比例相对较低，仅存在于 2010 年、2015 年和 2018 年，呈先增大后减小趋势；Ⅱ类地下水比例呈先增大再减小趋势；Ⅲ类地下水比例呈先减小再增大趋势；Ⅳ类和Ⅴ类地下水比例分别呈波动增大和减小趋势。1982 年、2003 年和 2010 年地下水质量类别分别以Ⅲ类、Ⅱ类和Ⅴ类为主，分别占比 38.4%、100.0% 和 41.7%，2015 年和 2018 年地下水质量类别以Ⅳ类为主，分别占比 25.2% 和 36.2%，1982—2018 年各年份地下水超标率分别为 53.8%、0.0%、75.0%、40.0% 和 51.1%，呈现先减小后减少再增大波动变化趋势。

承压水中 C 平均值和Ⅰ类地下水比例随时间变化呈波动增加趋势（图 5-4）；Ⅱ类地下水比例呈减小趋势；Ⅲ类地下水比例呈先减小再增加趋势；Ⅳ类地下水存在于 2010 年、2015 年和 2018 年，呈先增加再减小趋势；Ⅴ类地下水仅存在于 2015 年和 2018 年，呈增加趋势。1982 年地下水质量类别均以Ⅱ类为主，占比 66.7%；2003 年Ⅱ类和Ⅲ类地下水比例均为50.0%；2010年、2015年和2018年地下水质量类别均以Ⅰ类为主，分别占比41.9%、38.0%和41.2%。各年份中仅2010年、2015年和2018年地下水质量类别存在超标，超标率分别为6.5%、27.1%和20.2%，大致呈现波动增加变化趋势。

天山北麓中段绿洲带1982—2018年间地下水质量变化表明，研究区各年份地下水质量虽以Ⅰ类或Ⅱ类为主，但超标率整体呈波动增加趋势，地下水质量呈劣化趋势。

二、地下水质量空间演化特征

由于1982年和2003年天山北麓中段绿洲带地下水样本点较少，本书仅分析2010年、2015年和2018年地下水质量空间分布特征。同时考虑到空间插值的连续性，将山前倾斜平原单一结构潜水和冲积平原多层结构潜水合并分析。以2010年、2015年和2018年潜水和承压水中相对贴近度 C 值为空间样本数据，采用SPSS 20.0软件对其进行正态性K-S检验得到各年份中 C 值均不服从正态分布，同时采用Minitab 18.0软件对 C 值进行BOX-COX变换（$p>0.05$），使其达到半变异函数模型计算要求。

采用GeoDa软件计算相对贴近度 C 值的全局Moran's I 指数并迭代999次以验证其显著性。Moran's I 指数显示在各年份潜水和承压水中均为正值（表5-4），介于0.030~0.275之间，除2010年潜水外，其余各年份潜水和承压水的 z 得分均高于界值1.96，具有统计学意义（$p<0.05$）。这表明 C 值呈空间正相关关系，具有显著的空间聚集性，并非随机分布，表现为 C 值较高的样本点周围 C 值也较高，C 值较低的样本点周围 C 值也较低，即高高聚集和低低聚集，其中高低值分别表示为 C 值大于或小于均值。2010年潜水 C 值偏于随机分布（$p>0.05$）。与2010年和2015年潜水的 C 值相比，2018年潜水 C 值Moran's I 指数呈减小趋势，表示 C 值在绿洲带的空间聚集性由强转变为弱。

表5-4 地下水质量综合评价中 C 值空间自相关性

年份/年	地下水类型	Moran's I	方差	z	p
2010	潜水	0.030	0.047	0.776	0.210
	承压水	0.275	0.097	3.200	0.012
2015	潜水	0.151	0.031	4.941	0.002
	承压水	0.105	0.024	4.662	0.004
2018	潜水	0.148	0.029	5.257	0.001
	承压水	0.120	0.055	2.305	0.026

运用GS+9.0软件计算各年份不同地下水类型相对贴近度 C 值（除2010年潜水外）的全向变异函数，依据决定系数 R^2 接近于1、最小残差平方和RSS越小越好的原则选择最优理论模型（表5-5）（张杰等，2019）。

由表5-5可以看出，2015年潜水和承压水中 C 值符合球状模型，2010年承压水和2018年潜水、承压水符合指数模型。各年份半方差函数模型的决定系数 R^2 大于或接近0.6，表明各模型拟合度高且具有一定合理性，块金系数能够反映区域变量的空间结构特征。2010

年承压水和 2018 年潜水 C 值由随机变异引起的空间异质性比例分别为 24.5% 和 5.7%，结构性变异引起的空间异质性比例分别为 75.5% 和 94.3%，表明其在空间上具有强烈的自相关。2015 年潜水、承压水和 2018 年承压水 C 值由随机变异引起的空间异质性占系统总变异的比例分别为 30.0%、31.7% 和 47.2%，表明其具有中等空间自相关，自然因素（地质、水文等）和人为因素（开采地下水、农业活动）的影响较为均衡。承压水 C 值块金值比呈增大趋势，潜水 C 值块金值比呈减小趋势，这可能与人类活动有关。

表 5-5 2010—2018 年间地下水中 C 值半方差模型特征参数

年份	地下水类型	理论模型	块金值 C_0	基台值 C_0+C_1	块金系数 $C_0/(C_0+C_1)$	变程/m	R^2	RSS
2010	承压水	指数模型	0.159	0.648	24.5%	271 800	0.62	0.08
2015	潜水	球状模型	0.033	0.110	30.0%	45 700	0.83	9.18×10^{-4}
2015	承压水	球状模型	0.418	1.320	31.7%	51 000	0.77	0.16
2018	潜水	指数模型	0.052	0.913	5.7%	16 500	0.91	5.43×10^{-3}
2018	承压水	指数模型	0.119	0.252	47.2%	78 000	0.78	2.30×10^{-3}

采用普通克里金法对各年份地下水中相对贴近度 C 值进行空间插值，其中 2010 年潜水 C 值空间分布由反距离权重法插值得到。从 2010—2018 年间潜水和承压水相对贴近度 C 值空间分布（图 5-5—图 5-7）可以看出，2010 年（图 5-5）潜水 C 值呈现南低北高的趋势，C 值低值区（$C \leq 0.010$）主要分布于山前倾斜平原，高值区（$C > 0.076$）分布于冲积平原乌苏市西北部、呼图壁县东北部和阜康市北部，承压水 C 值总体呈现东低西高的分布特征，高值区（$C > 0.040$）分布于冲积平原乌苏市西北部和 149 团。2015 年潜水 C 值高值区（$C > 0.076$）主要分布于冲积平原乌苏市西北部、石河子北部和五家渠市附近，承压水 C 值高值区（$C > 0.076$）分布于冲积平原乌苏市西北部（图 5-6）。2018 年潜水 C 值低值区（$C \leq 0.010$）分布于山前倾斜平原，高值区（$C > 0.076$）分布较为复杂，冲积平原东西部均有高值区分布（图 5-7），承压水高值区（$C > 0.076$）与 2015 年承压水 C 值高值区分布规律基本一致。

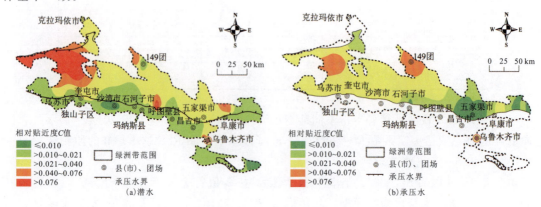

图 5-5 天山北麓中段绿洲带 2010 年潜水和承压水相对贴近度 C 值空间分布

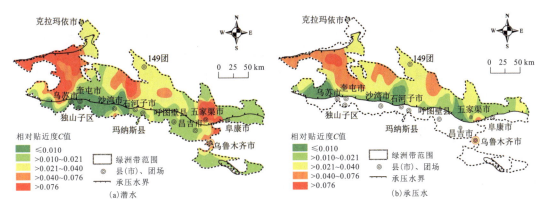

图 5-6 天山北麓中段绿洲带 2015 年潜水和承压水相对贴近度 C 值空间分布

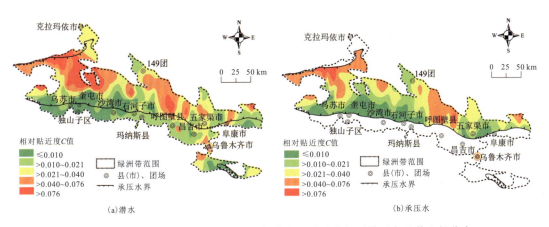

图 5-7 天山北麓中段绿洲带 2018 年潜水和承压水相对贴近度 C 值空间分布

从整体来看，天山北麓中段绿洲带 2010 年、2015 年及 2018 年潜水和承压水相对贴近度 C 值空间分布规律较为相似。低值区主要分布于山前倾斜平原，高值区主要分布于冲积平原。这主要与地下水水文地质条件和地下水水文地球化学作用有关，山前倾斜平原水岩相互作用强烈，地下水流动条件好，地下水各组分含量相对较低，相对贴近度 C 值较低，地下水质量较好。由南向北，地下水径流变缓，溶滤作用逐渐减弱，水中各离子富集于冲积平原，相对贴近度 C 值较高，地下水质量较差。

第五节 天山北麓中段绿洲带地下水污染评价

一、地下水环境背景值计算

考虑到天山北麓中段绿洲带 1982 年和 2003 年地下水样本点相对较少，笔者将 1982—2018 年间地下水样本合并分析，以全面反映地下水环境背景值。根据地下水各组分本身的数据统计特征，运用平均值±两倍标准差法（±2δ）剔除异常值，利用概率图法验证异常值识别的合理性。以地下水中超标较高组分 pH、SO_4^{2-}、NO_3-N 和 As 为例，采用 2δ 计算原始数据上下限值，剔除上下限值外的异常值。从异常值剔除前后各组分累积频率的对比可以看出（图 5-8），各组分异常值阈值位于累积频率曲线上阶跃式拐点上，各集群相关性较好，表明异常值和保留下的数据分属于不同数据集群，可能受到不同因素的影响。因此，2δ 识别出的各组分的异常值较为合理。同理，识别和剔除绿洲带地下水其余各组分异常值。

地下水环境背景值由各组分含量概率分布类型确定，分布类型不同，其背景值计算方法存在差异。采用 SPSS 20.0 软件对各组分进行 K-S 检验和 W 检验，得到单一结构潜水 TH，多层结构潜水 $K^+ + Na^+$、Mg^{2+}、pH、F^- 和承压水 pH、F^- 显著性（P_{K-S}）分别为 1.00、1.00、1.00、1.00、1.00 和 0.98、0.58（P_{K-S}＞0.5），符合正态分布，背景值计算方法采用算术平均法。其余各组分含量 P_{K-S}＜0.5，均为偏态分布，其中，多层结构潜水和承压水中 SO_4^{2-}、Cl^-、NO_3-N、NO_2-N、NH_4-N、As、I^-、TFe、Mn 剔除异常值后其标准差仍大于均值，采用四分位数和 95.0% 置信区间作为背景值上下阈值。

由地下水环境背景值计算结果（表 5-6）可以看出，单一结构潜水 TH 和 NO_3-N、NO_2-N 最大背景阈值均较多层结构潜水和承压水大，分别为 379.40 mg/L 和 7.94 mg/L、0.015 mg/L；多层结构潜水 $K^+ + Na^+$、Ca^{2+}、Mg^{2+}、Cl^-、SO_4^{2-}、HCO_3^-、TDS、NH_4-N、F^-、TFe 和 Mn 最大背景阈值均较多层结构潜水和承压水大，分别为 364.10 mg/L、189.50 mg/L、79.30 mg/L、223.12 mg/L、426.19 mg/L、310.25 mg/L、1 124.16 mg/L、0.062 mg/L、1.45 mg/L、0.19 mg/L 和 0.099 mg/L；承压水 pH、As 和 I^- 最大背景阈值较单一结构潜水和多层结构潜水大，分别为 8.74、0.018 mg/L 和 0.074 mg/L。

二、地下水综合污染评价

采用地下水综合污染指数法对天山北麓中段绿洲带地下水进行污染评价，得到绿洲带地下水污染等级 Ⅰ 级～Ⅴ 级样本点分别占总水样（1002 组）的 40.7%、50.0%、4.2%、1.8% 和 3.3%。单一结构潜水污染等级 Ⅰ 级～Ⅴ 级样本点分别占单一结构潜水水样（494 组）的 50.1%、46.2%、1.9%、0.6% 和 1.2%；多层结构潜水污染等级 Ⅰ 级～Ⅴ 级样本点分别占多层结构潜水水样（192 组）的 21.5%、59.7%、7.3%、5.2% 和 6.3%；承压水污染等级 Ⅰ 级～Ⅴ 级样本点分别占承压水水样（316 组）的 37.6%、50.0%、5.9%、1.7% 和 4.8%，表明绿洲带地下水环境，以未污染（$F \leq 1.0$）轻度污染（$1.0 < F \leq 5.0$）为主，受轻度污染的地下水主要为多层结构潜水和承压水。

采用弦图表示绿洲带 1982—2018 年间不同地下水类型综合污染指数 F 和单项组分 SO_4^{2-}、NO_3-N、As 污染指数 P 的分布情况，弧的宽窄代表污染指数总和的大小（图 5-9）。1982—2018 年地下水综合污染指数平均值分别为 1.67、0.74、1.64、3.96 和 2.00，整体呈波动增大趋势。其中，2015 年地下水的综合污染指数所占比重较大 [图 5-9（a）]。由地下水 SO_4^{2-}、NO_3-N 和 As 污染指数分布 [图 5-9(b)(c)(d)] 可以看出，SO_4^{2-}、NO_3-N 和 As 污染主要存在于 2015 年和 2018 年多层结构潜水和承压水中。

由天山北麓中段绿洲带地下水综合污染指数空间分布图（图 5-10—图 5-12）可以看出，

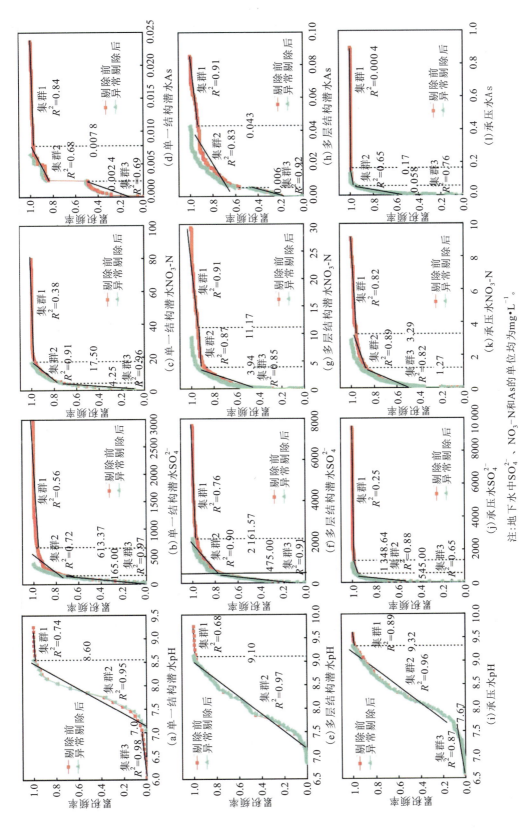

图5-8 天山北麓中段绿洲带地下水中pH、SO_4^{2-}、NO_3-N和As异常值剔除前后对比图

注：地下水中SO_4^{2-}、NO_3-N和As的单位均为mg·L^{-1}。

表 5-6 天山北麓中段绿洲带不同地下水类型环境背景值

地下水类型	组分	偏度系数	峰度系数	P_{K-S}	分布类型	方法	背景阈值
单一结构潜水	$K^+ + Na^+$	1.42	2.25	0.00	LN	几何平均数法	(50.91, 55.09)
	Ca^{2+}	1.47	1.97	0.00	P	累计频率法	(18.23, 109.38)
	Mg^{2+}	1.47	1.94	0.00	LN	几何平均数法	(17.45, 21.80)
	Cl^-	2.50	7.03	0.00	LN	几何平均数法	(57.05, 62.27)
	SO_4^{2-}	1.92	4.11	0.00	P	累计频率法	(0, 351.32)
	HCO_3^-	0.98	0.38	0.00	P	累计频率法	(89.80, 242.59)
	pH	-1.14	2.41	0.00	P	累计频率法	(7.59, 8.13)
	TDS	1.74	3.37	0.00	P	累计频率法	(155.27, 780.40)
	TH	1.68	2.86	1.00	N	算术平均法	(89.60, 379.40)
	NO_3-N	1.65	2.28	0.00	P	累计频率法	(0, 7.94)
	NO_2-N	2.74	8.57	0.00	P	累计频率法	(0, 0.015)
	NH_4-N	1.90	3.52	0.00	P	累计频率法	(0, 0.058)
	As	0.98	0.57	0.00	P	累计频率法	(0, 0.004 8)
	F^-	0.92	0.40	0.00	P	累计频率法	(0.09, 0.45)
	I^-	2.03	4.05	0.00	P	累计频率法	(0, 0.022)
	TFe	1.71	2.16	0.00	P	累计频率法	(0, 0.11)
	Mn	0.56	-1.08	0.00	P	累计频率法	(0, 0.04)
多层结构潜水	$K^+ + Na^+$	2.71	7.60	1.00	N	算术平均法	(0, 364.10)
	Ca^{2+}	1.15	0.61	0.00	P	累计频率法	(0, 189.50)
	Mg^{2+}	1.88	3.55	1.00	N	算术平均法	(0, 79.30)
	Cl^-	2.84	9.03	0.00	LN	95.0%置信区间	(139.01, 223.12)
	SO_4^{2-}	2.09	4.39	0.00	P	四分位数	(75.75, 426.19)
	HCO_3^-	0.96	-0.17	0.00	P	累计频率法	(28.58, 310.25)
	pH	0.19	-0.69	1.00	N	算术平均法	(7.57, 8.54)
	TDS	2.26	5.28	0.00	LN	95.0%置信区间	(810.56, 1 124.16)
	TH	1.53	2.22	0.00	LN	几何平均数法	(335.08, 341.32)
	NO_3-N	2.47	7.43	0.00	P	四分位数	(0.02, 1.34)
	NO_2-N	3.22	11.21	0.00	P	四分位数	(0.001, 0.006)
	NH_4-N	5.08	36.37	0.00	P	四分位数	(0.008, 0.062)
	As	1.65	3.49	0.00	P	四分位数	(0.001, 0.01)
	F^-	1.61	1.95	1.00	N	算术平均法	(0.05, 1.45)
	I^-	1.47	2.02	0.00	P	四分位数	(0.005, 0.05)
	TFe	2.39	5.79	0.00	P	四分位数	(0.02, 0.19)
	Mn	3.14	10.85	0.00	P	四分位数	(0.002, 0.099)

续表 5-6

地下水类型	组分	偏度系数	峰度系数	P_{K-S}	分布类型	方法	背景阈值
承压水	$K^+ + Na^+$	3.96	20.58	0.00	LN	95.0%置信区间	(79.49, 104.40)
	Ca^{2+}	1.80	3.79	0.00	P	累计频率法	(4.79, 61.81)
	Mg^{2+}	2.58	8.04	0.00	LN	95.0%置信区间	(11.46, 15.27)
	Cl^-	4.22	26.16	0.00	P	四分位数	(14.22, 75.21)
	SO_4^{2-}	3.48	16.15	0.00	P	四分位数	(43.90, 139.09)
	HCO_3^-	1.11	0.97	0.00	P	累计频率法	(87.37, 172.79)
	pH	−0.14	0.16	0.98	N	算术平均法	(7.72, 8.74)
	TDS	3.72	17.98	0.00	P	累计频率法	(124.44, 730.37)
	TH	1.98	4.50	0.00	P	累计频率法	(14.36, 270.93)
	NO_3-N	11.83	143.67	0.00	P	四分位数	(0.023, 0.443)
	NO_2-N	5.16	37.12	0.00	P	四分位数	(0.001, 0.006)
	NH_4-N	2.27	5.49	0.00	P	四分位数	(0.008, 0.054)
	As	2.34	6.19	0.00	P	四分位数	(0.003, 0.018)
	F^-	1.15	0.26	0.58	N	算术平均法	(0.15, 1.20)
	I^-	2.42	5.30	0.00	P	四分位数	(0.005, 0.074)
	TFe	3.01	9.50	0.00	P	四分位数	(0.02, 0.11)
	Mn	2.83	11.96	0.00	P	四分位数	(0.005, 0.048)

注：分布类型中 LN 为对数正态分布，P 为偏态分布，N 为正态分布；背景阈值中 pH 无量纲，其余组分单位为 mg/L。

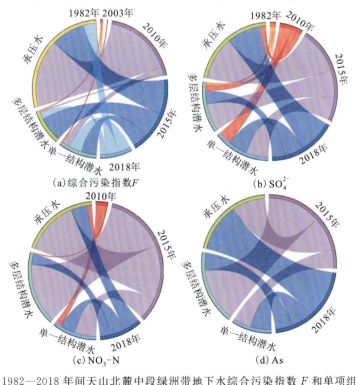

图 5-9　1982—2018 年间天山北麓中段绿洲带地下水综合污染指数 F 和单项组分 SO_4^{2-}、NO_3-N 和 As 的污染指数在不同地下水类型中分布情况

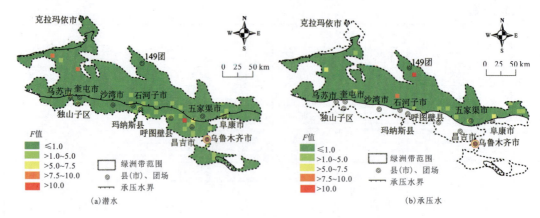

图 5-10　绿洲带 2010 年潜水和承压水综合污染指数 F 的空间分布

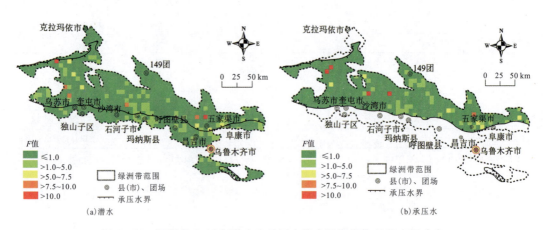

图 5-11　绿洲带 2015 年潜水和承压水综合污染指数 F 的空间分布

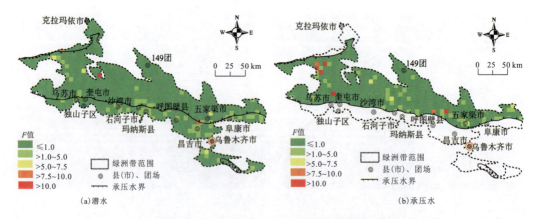

图 5-12　绿洲带 2018 年潜水和承压水综合污染指数 F 的空间分布

2010 年绿洲带潜水和承压水污染区域面积较小，呈零星分布。2015 年和 2018 年地下水污染程度较 2010 年高，以轻度污染（$1.0 < F \leqslant 5.0$）为主，主要分布于五家渠市、昌吉市、玛纳斯县和石河子市等地附近，这些区域人口密集，人类活动是这些地区污染较严重的主要原

因。中度以上（$F>5.0$）污染主要分布于冲积平原五家渠市和乌苏市北部，该区域作为农业耕作区，地下水的开采以及农药、化肥的使用均会对地下水环境造成一定影响。

第六节　乌-昌-石城市群典型区地下水水质及变化规律分析

乌-昌-石城市群是我国"两横三纵"城市化战略布局中的重要组成部分，随着城市发展和人类活动的影响，部分区域地下水呈现轻度污染。因此，本节选取乌-昌-石城市群为典型区，分别收集了乌鲁木齐市、昌吉市、呼图壁县、玛纳斯县和石河子市4组、7组、6组、3组和5组地下水水质资料，用于分析该区地下水水质年际动态变化规律。

一、地下水水化学指标含量统计

1. 地下水常规指标含量统计

乌-昌-石城市群典型区各县市地下水常规指标含量统计结果表明（图5-13）：典型区地下水 pH 值介于 6.82~8.95 之间，平均值为 7.91；TDS 变化范围为 87.20~5 194.00 mg/L，平均值为 474.11 mg/L；TH 介于 35.11~3 209.60 mg/L 之间，平均值为 255.59 mg/L；主要阳离子含量顺序为 $Ca^{2+}>K^++Na^+>Mg^{2+}$；主要阴离子含量顺序为 $HCO_3^->SO_4^{2-}>Cl^-$。

各县市由东向西地下水各常规指标含量整体呈减少趋势，其中 Cl^- 和 SO_4^{2-} 含量变化范围较大，分别介于 6.96~2 039.60 mg/L 和 9.60~2 315.00 mg/L 之间。乌鲁木齐市、昌吉市、玛纳斯县和石河子市地下水主要阳离子含量表现为 $Ca^{2+}>K^++Na^+>Mg^{2+}$，主要阴离子含量表现为 $HCO_3^->SO_4^{2-}>Cl^-$。呼图壁县主要阳离子含量顺序为 $K^++Na^+>Ca^{2+}>Mg^{2+}$，主要阴离子含量顺序为 $HCO_3^->SO_4^{2-}>Cl^-$，地下水中除 pH 和 HCO_3^- 外，其余各常规指标变异系数均大于 100.0%（强变异）。

2. 地下水微量组分含量统计

乌-昌-石城市群典型区各县市地下水微量组分含量统计结果表明（表5-7）：典型区 NO_3-N、NO_2-N 和 NH_4-N 含量分别介于 ND.~43.75 mg/L、ND.~10.75 mg/L 和 ND.~20.62 mg/L 之间，平均值分别为 3.91 mg/L、0.11 mg/L 和 0.29 mg/L，超过《地下水质量标准》（GB/T 14848—2017）中Ⅲ类标准限值（20.0 mg/L、1.0 mg/L 和 0.5 mg/L）的水样分别占总水样数（$n=178$、$n=176$ 和 $n=175$）的 3.4%、1.7% 和 3.4%，超标水样点主要分布于昌吉市和呼图壁县，其中 NO_2-N 和 NH_4-N 变异系数均大于 100.0%；As、F^- 和 I^- 含量范围分别为 ND.~15.00 μg/L、0.01~1.78 mg/L 和 ND.~30.00 μg/L，平均值分别为 3.26 μg/L、0.29 mg/L 和 3.95 μg/L，其中高砷（As≥10.0 μg/L）和高氟（$F^->1.0$ mg/L）地下水分别占总水样数（$n=68$ 和 $n=190$）的 2.9% 和 3.7%，高砷地下水主要分布于玛纳斯县，高氟地下水在乌鲁木齐市、呼图壁县和石河子市均有分布；TFe 和 Mn 含量范围分别介于 ND.~2.35 mg/L 和 ND.~0.06 mg/L 之间，

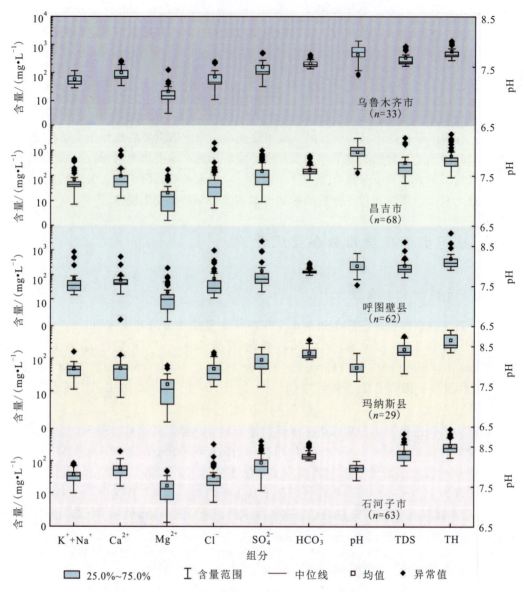

图 5-13　乌-昌-石城市群典型区各县市地下水常规指标含量统计

注：图中 n 表示该县市所有监测年份样本总数。

平均值分别为 0.08 mg/L 和 0.003 mg/L，高铁（Fe＞0.3 mg/L）地下水占总样本数（$n=97$）的 6.2%，主要分布于呼图壁县、玛纳斯县和石河子市，Mn 仅在石河子市地下水中检出。

二、地下水水化学指标含量与水质年际变化规律

1. 地下水水化学指标含量多年动态变化规律

根据乌-昌-石城市群典型区地下水水质监测资料，选取在单一结构潜水石河子市石河子

乡（J1）、乌鲁木齐市屯河区（J13）、昌吉市地矿局（J21），多层结构潜水呼图壁县呼芳路（J10）和承压水石河子市大泉沟设计院（J4）、昌吉市大西渠镇（J25）监测井中检出率较高的组分Cl^-、SO_4^{2-}、TDS、NO_3-N、NO_2-N、NH_4-N和F^-作为监测指标并绘制不同地下水类型中各组分含量动态曲线。典型监测井位置如图5-14所示。

表5-7 乌-昌-石城市群典型区各县市地下水微量组分含量统计

县（市）	组分	样本数（n）	范围	平均值	检出率/%	方差	变异系数/%
乌鲁木齐市	NO_3-N	29	0.86~31.52	7.19	48.3	6.50	90.3
	NO_2-N	29	ND.~0.05	0.01	41.4	0.01	114
	NH_4-N	29	ND.~0.54	0.07	100.0	0.12	156.1
	As	13	ND.~5.00	2.45	100.0	1.65	67.3
	F^-	29	0.10~1.78	0.23	100.0	0.30	132.3
	I^-	13	ND.~12.00	3.62	23.1	2.58	71.4
	TFe	18	ND.~0.27	0.03	16.7	0.06	187.5
	Mn	13	ND.	/	0.0	/	/
昌吉市	NO_3-N	45	ND.~43.75	6.47	37.8	7.91	122.1
	NO_2-N	45	ND.~2.46	0.07	35.6	0.36	541.0
	NH_4-N	45	ND.~0.50	0.08	95.6	0.09	115.3
	As	18	ND.	/	100.0	/	/
	F^-	45	0.01~0.75	0.20	0.0	0.14	70.4
	I^-	18	ND.~11.00	2.97	5.6	1.95	65.5
	TFe	22	ND.~0.13	0.02	9.1	0.02	106.0
	Mn	18	ND.	/	0.0	/	/
呼图壁县	NO_3-N	40	0.17~10.52	2.22	100.0	2.17	97.6
	NO_2-N	40	ND.~10.75	0.38	25.0	1.75	465.5
	NH_4-N	40	ND.~20.62	0.89	62.5	3.68	412.6
	As	16	ND.~5.00	3.16	18.8	1.57	49.7
	F^-	43	0.1~1.53	0.34	100.0	0.33	95.3
	I^-	16	ND.~22.0	4.56	6.3	4.83	105.8
	TFe	22	ND.~2.35	0.16	13.6	0.51	313.1
	Mn	16	ND.	/	0.0	/	/

续表 5-7

县（市）	组分	样本数（n）	范围	平均值	检出率/%	方差	变异系数/%
玛纳斯县	NO_3-N	21	ND.~6.15	1.63	100.0	1.74	106.3
	NO_2-N	21	ND.~0.03	0.01	38.1	0.01	70.8
	NH_4-N	21	ND.~0.38	0.09	61.9	0.11	124.9
	As	8	ND.~15.00	5.50	37.5	4.12	74.8
	F^-	21	0.13~0.62	0.33	100.0	0.14	41.8
	I^-	8	ND.~7.00	4.06	12.5	2.04	50.2
	TFe	13	ND.~0.35	0.07	23.1	0.11	157.0
	Mn	8	ND.	ND.	0.0	/	/
石河子市	NO_3-N	43	ND.~12.16	1.71	93.0	2.25	131.2
	NO_2-N	41	ND.~0.33	0.02	19.5	0.06	253.7
	NH_4-N	40	ND.~3.18	0.19	40.0	0.52	271.8
	As	13	ND.~5.00	2.63	23.1	1.80	68.4
	F^-	52	0.01~1.66	0.33	100.0	0.23	69.9
	I^-	13	ND.~30.00	4.81	15.4	7.30	151.9
	TFe	22	ND.~1.42	0.12	18.2	0.31	258.8
	Mn	13	ND.~0.06	0.01	7.7	0.02	257.5

注：As、I^- 单位为 μg/L，其余各组分单位均为 mg/L。

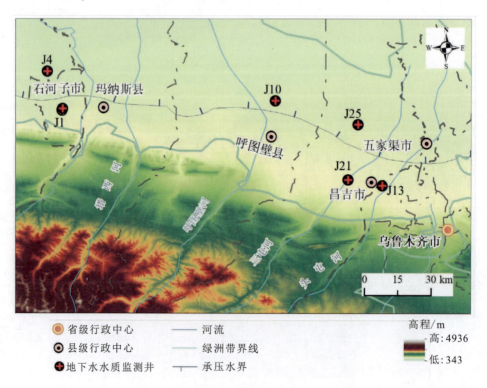

图 5-14　乌-昌-石城市群典型监测井位置分布

1）单一结构潜水

石河子市石河子乡（J1）和乌鲁木齐市屯河区（J13）地下水监测井中各组分含量在 2018 年以前呈下降或稳定变化趋势，2018 年后各组分含量呈增加趋势［图 5 - 15（a）（b）］。J1 和 J13 监测井 TDS 分别在 2020 年和 2021 年达到最大值，分别为 559.51 mg/L 和 1 114.01 mg/L；NO_3 - N 均在 2020 年达到最大值，分别为 12.17 mg/L 和 31.52 mg/L。J13 监测井 F^- 在 2016 年达到 1.78 mg/L。昌吉市地矿局（J21）监测井中大部分组分含量呈稳定趋势变化［图 5 - 15（c）］，TDS 和 NO_3 - N 含量分别在 2014 年和 2016 年达到峰值，分别为 1 062.00 mg/L 和 43.75 mg/L。

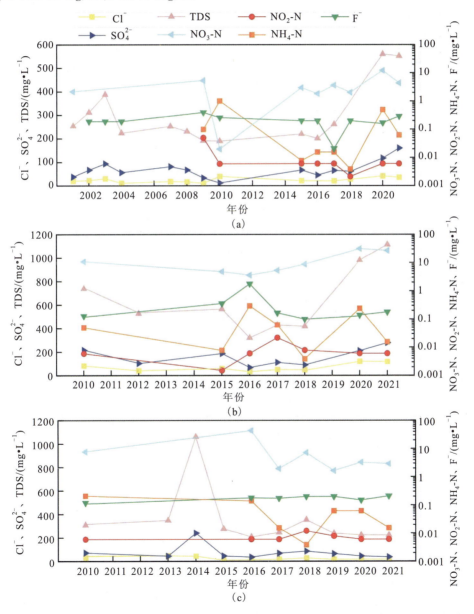

图 5 - 15 单一结构潜水 J1（a）、J13（b）和 J21（c）监测井地下水水化学指标含量变化曲线

2) 多层结构潜水

呼图壁县呼芳路（J10）地下水监测井中 Cl^- 和 SO_4^{2-} 含量呈稳定变化趋势（图 5-16）。TDS、NO_2-N 和 NH_4-N 含量大致呈"增—减—增"变化趋势，分别在 2018 年、2018 年和 2021 年达到最大值，分别为 650.60 mg/L、10.75 mg/L 和 12.13 mg/L。NO_3-N 和 F^- 含量均在 2021 年达到最大值，分别为 4.95 mg/L 和 1.06 mg/L。

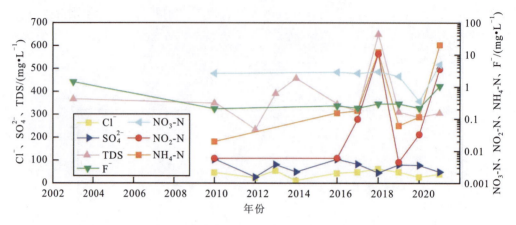

图 5-16　多层结构潜水中 J10 监测井地下水水化学指标含量变化曲线

3) 承压水

石河子市大泉沟设计院（J4）地下水监测井中 Cl^- 含量呈稳定变化趋势[图 5-17（a）]。SO_4^{2-}、TDS 含量自 2016 年呈明显增加趋势，于 2021 年达到最大值，分别为 248.76 mg/L 和 513.61 mg/L。NO_3-N 和 NO_2-N 含量均在《地下水质量标准》（GB/T 14848—2017）Ⅲ类标准限值下波动变化。F^- 含量呈大致稳定变化趋势，2017 年 F^- 含量达到 1.66 mg/L。昌吉市大西渠镇（J25）地下水监测井中 Cl^- 和 SO_4^{2-} 含量呈稳定变化趋势[图 5-17（b）]。TDS、NO_3-N、NO_2-N、NH_4-N 含量均在Ⅲ类标准限值下波动变化。

从图 5-15—图 5-17 可以看出，单一结构潜水和多层结构潜水各组分含量在年际变化中波动范围较承压水大，监测井地下水各组分含量变化趋势改变主要发生于 2018 年。NO_3-N、NO_2-N 和 NH_4-N 超过Ⅲ类标准限值的高值点主要分布于单一结构潜水和多层结构潜水中，高氟地下水（$F^->1.0$ mg/L）在单一结构潜水、多层结构潜水和承压水含水层中均有分布。

2. 地下水水质年际动态变化规律

分别采用单因子评价法和熵权-TOPSIS 综合评价法对乌-昌-石城市群典型区 25 眼地下水水质监测井进行质量评价，同时采用综合污染指数法对地下水环境进行污染评价，得到地下水质量和污染指数年际变化曲线，其结果如图 5-18 所示。

25 眼典型区地下水质量单因子评价结果中Ⅰ类～Ⅴ类分别占监测井各年份总样本数（$n=263$）的 9.9%、43.7%、29.3%、8.4% 和 8.7%。熵权-TOPSIS 综合评价结果显示典型区各监测井Ⅰ类～Ⅳ类地下水质量类别平均分界线值（C 值）分别为 0.067、0.113、0.307 和 0.910，无Ⅴ类地下水，Ⅰ类～Ⅳ类分别占比 80.3%、9.5%、8.7% 和 1.5%。地

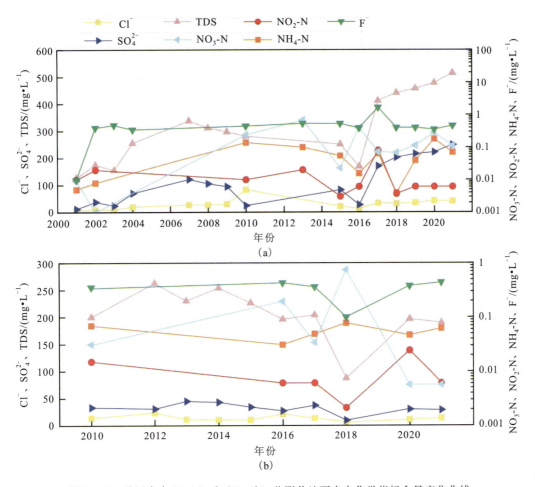

图 5-17　承压水中 J4（a）和 J25（b）监测井地下水水化学指标含量变化曲线

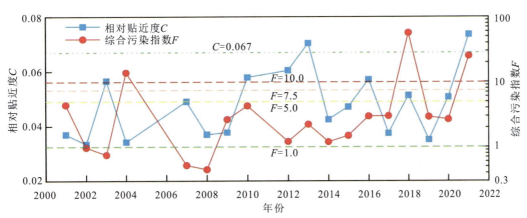

图 5-18　乌-昌-石城市群典型区地下水相对贴近度 C 与综合污染指数 F 年际变化曲线

下水质量单因子评价结果与综合评价契合频数为 27，契合度为 10.3%，熵权-TOPSIS 综合评价法引入了因子权重，削弱了极值对评价结果的影响，质量类别整体优于单因子评价结果。地下水污染等级 Ⅰ 类～Ⅴ 级分别占各年份总样本数（$n=263$）的 47.9%、41.1%、

3.8%、1.5%和5.7%。由此表明典型区地下水质量类别以Ⅰ类或Ⅱ类为主，地下水污染程度以未污染和轻度污染为主，这与前文分析的区域地下水水质状况基本一致。

在监测井平均相对贴近度 C 值和平均综合污染指数 F 年际变化中（图 5-18），C 值整体大致呈"增（2001—2013 年）—减（2013—2019 年）—增（2019—2021 年）"变化趋势，综合污染指数 F 值整体大致呈"减（2001—2008 年）—增（2008—2021 年）"变化趋势，2012 年后 C 值与 F 值变化趋势一致。各年份 C 值主要在<0.113（Ⅰ类或Ⅱ类）内波动，F 值主要在 0~5（未污染或轻度污染）内波动。其中，2018 年和 2021 年平均综合污染指数 F>10.0，均是由 $NO_2^- - N$ 和 $NH_4^+ - N$ 含量较高导致，2018 年 J10 监测井 $NO_2^- - N$ 和 $NH_4^+ - N$ 含量分别为 10.75 mg/L 和 12.13 mg/L；2021 年 J10 监测井 $NO_2^- - N$ 和 $NH_4^+ - N$ 含量分别为 3.59 mg/L 和 20.62 mg/L，J18 监测井 $NO_2^- - N$ 含量达到 2.46 mg/L。

从表 5-8 可以看出，地下水水质变好和变差监测井分别为 7 眼和 18 眼，分别占比 28.0%和 72.0%。其中，19 眼单一结构潜水监测井中水质变好的有 6 眼，水质变差的有 13 眼，水质变差监测井分布于乌鲁木齐市（J13、J14 和 J15）、昌吉市（J18、J23 和 J24）和呼图壁县（J5、J6、J7 和 J8）、玛纳斯县（J11 和 J19）和石河子市（J1）；多层结构潜水 1 眼（J10）水质呈下降趋势；5 眼承压水水质变好 1 眼，水质变差 4 眼，水质变差监测井分布于呼图壁县（J16）、玛纳斯县（J12）和石河子市（J2 和 J4）。

表 5-8 乌-昌-石城市群典型区各监测井地下水水质变化趋势

地下水类型	监测井编号	监测井位置	初始年/现状年	地下水质量类别 单因子评价（类）	地下水质量类别 综合评价（C）	地下水质量类别 C 值年际变化率	地下水污染指数 综合污染指数（F）	地下水污染指数 F 值年际变化率	水质变化趋势
单一结构潜水	J1	石河子市石河子乡民族二队	2001 2021	Ⅱ Ⅲ	0.069 0.079	0.002 2	0.44 1.21	0.1	↓
	J3	石河子市总场番茄酱厂	2001 2021	Ⅲ Ⅱ	0.159 0.093	−0.000 2	15.79 1.08	−0.22	↑
	J5	呼图壁县玛电院西供水井	2003 2021	Ⅱ Ⅲ	0.038 0.026	−0.002 8	0.85 1.13	0.05	↓
	J6	呼图壁县五工台镇乱山子村	2003 2021	Ⅱ Ⅱ	0.094 0.102	0.001 8	0.86 0.82	0.42	↓
	J7	呼图壁县 654 电台	2003 2021	Ⅲ Ⅱ	0.031 0.024	−0.001 0	0.86 1.02	0.02	↓
	J8	呼图壁县甘里店镇小土古里村	2003 2021	Ⅱ Ⅱ	0.034 0.015	0.001 2	0.93 0.78	0.16	↓
	J9	呼图壁县五工台镇南东	2003 2021	Ⅰ Ⅱ	0.087 0.076	−0.009 2	0.84 0.79	−0.02	↑
	J11	玛纳斯县城乌伊路附近	2003 2021	Ⅲ Ⅲ	0.030 0.047	0.000 8	0.98 1.64	0.07	↓
	J13	乌鲁木齐市头屯河区兵团技校北侧	2010 2021	Ⅲ Ⅴ	0.037 0.072	0.004 8	1.19 2.58	0.15	↓

续表 5-8

地下水类型	监测井编号	监测井位置	初始年/现状年	地下水质量类别 单因子评价(类)	地下水质量类别 综合评价(C)	C值年际变化率	地下水污染指数 综合污染指数(F)	F值年际变化率	水质变化趋势
单一结构潜水	J14	乌鲁木齐市头屯河区马家庄	2010 2021	Ⅱ Ⅴ	0.015 0.102	0.008 6	0.75 6.73	0.41	↓
	J15	乌鲁木齐市三坪农场四连	2010 2021	Ⅱ Ⅲ	0.012 0.026	0.002 0	0.81 0.99	0.04	↓
	J17	昌吉市榆树沟镇西开发区	2010 2021	Ⅴ Ⅱ	0.200 0.030	−0.004 3	13.23 1.06	−0.28	↑
	J18	昌吉市阿维滩机场东	2010 2021	Ⅳ Ⅳ	0.309 0.514	0.011 3	2.10 116.32	5.39	↓
	J19	玛纳斯县乐土驿镇下庄子村	2010 2021	Ⅱ Ⅱ	0.018 0.019	0.001 3	0.77 1.10	0.13	↓
	J20	昌吉市乌伊路南	2010 2021	Ⅲ Ⅲ	0.023 0.039	−0.001 1	0.80 1.05	−0.08	↑
	J21	昌吉市地矿局第二水文地质大队院内	2010 2021	Ⅲ Ⅱ	0.059 0.010	−0.006 9	2.61 0.76	−0.16	↑
	J22	昌吉市地质环境监测站院内	2010 2020	Ⅲ Ⅲ	0.187 0.074	−0.006 0	1.33 1.13	−0.19	↑
	J23	昌吉市三坪农场场部	2010 2020	Ⅲ Ⅲ	0.030 0.080	0.004 8	1.00 3.28	0.12	↓
	J24	昌吉市大西渠镇镇政府	2010 2021	Ⅱ Ⅲ	0.010 0.057	0.002 5	0.75 1.06	0.02	↓
多层结构潜水	J10	呼图壁县呼芳路7.5 km处	2003 2021	Ⅲ Ⅴ	0.191 0.504	0.015 1	0.89 425.52	35.07	↓
承压水	J2	石河子市农垦中专院内	2001 2021	Ⅰ Ⅱ	0.039 0.034	−0.000 9	0.32 6.21	0.37	↓
	J4	石河子市大泉沟设计院内	2001 2021	Ⅰ Ⅲ	0.017 0.036	0.001 8	1.20 1.42	0.26	↓
	J12	玛纳斯县147团部	2010 2021	Ⅲ Ⅲ	0.126 0.087	−0.003 4	2.78 5.03	0.12	↓
	J16	呼图壁县二水农场	2010 2021	Ⅰ Ⅱ	0.034 0.019	−0.006 4	0.78 1.01	0.29	↓
	J25	昌吉市大西渠镇酒精厂内	2010 2021	Ⅱ Ⅱ	0.023 0.022	−0.000 7	1.85 0.87	0.06	↑

注：↑、↓和→分别为地下水水质变好、变差和不变趋势。

第六章 地下水水质演化成因分析

地下水水化学指标的形成与分布是地下水与含水层之间长期作用的产物,在迁移转化过程中可能还受到人类活动的影响。在自然和人为因素双重影响下,地下水水化学指标相对富集或贫化都可能改变地下水水质。因此,分析地下水水化学指标来源、水质变化成因,才能科学有效地对地下水污染进行防治。本章主要分析天山北麓中段绿洲带地下水水质演化的主要影响因素,揭示自然和人为因素对地下水水化学指标的影响程度。

第一节 地下水水化学指标来源解析

本章基于1265组(包括天山北麓中段绿洲带1002组和乌-昌-石城市群典型区263组)地下水数据中$K^+ + Na^+$、Ca^{2+}、Mg^{2+}、Cl^-、SO_4^{2-}、HCO_3^-、pH、TDS、TH、NO_3-N、NO_2-N、NH_4-N、As、F^-、I^-、TFe和Mn 17项水化学指标,分别采用绝对主成分(APCS/MLR)和正定矩阵因子分解(PMF)源解析模型对地下水水化学指标来源进行解析,筛选适合研究区地下水水化学指标源解析最优模型并分析各影响因子贡献程度。

一、基于APCS/MLR模型的水化学指标来源识别

1. 数据标准化及相关性检验

通过离差标准化的方法将原始数据进行0~1标准化处理,采用KMO(Kaiser-Meyer-Olkin)和Bartlett球形检验对变量间相关程度进行分析,结果如表6-1所示。经检验得到KMO度量为0.79,接近0.80,Bartlett球度检验统计量为17 858.08,显著性检验得到P值为0.00($P<0.05$),表明模型适合作主成分分析且各变量间具有较强的相关关系(Ravish et al., 2020)。

表6-1 KMO和Bartlett球形检验结果

取样足够的KMO度量		0.79
Bartlett球形检验	卡方检验值(χ^2)	17 858.08
	自由度(df)	136
	P值	0.00

2. 因子识别与源贡献计算

本次共提取 5 个特征值大于 1 的公因子（PC1、PC2、PC3、PC4 和 PC5），方差贡献率分别为 38.4%、12.7%、8.2%、6.9% 和 6.5%，累计方差贡献率为 72.7%，表明 5 个因子较为集中地反映了影响因素 72.7% 的信息量。各因子中，水化学指标荷载介于 0.3~0.5（－0.5~－0.3）之间定义为"弱"；在 0.5~0.7（－0.7~－0.5）之间定义为"中"；大于 0.7（小于－0.7）定义为"强"。所选 5 个因子中各水化学指标的荷载如图 6-1 所示。

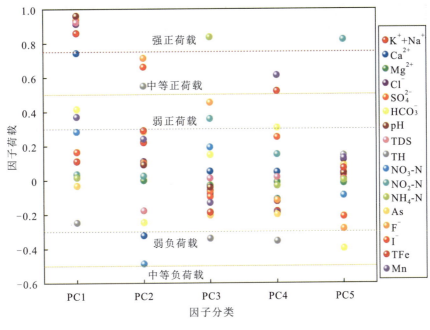

图 6-1　因子荷载矩阵

PC1 因子中 $Na^+ + K^+$、Ca^{2+}、Mg^{2+}、Cl^-、SO_4^{2-}、TDS 为强荷载（图 6-1）；PC2 中 F^-、I^- 和 TH 为中等荷载；PC3 中 NH_4-N 为强荷载；PC4 中 TFe 和 Mn 为中等荷载；PC5 中 NO_2-N 为强荷载。

在 PCA 分析的基础上利用 APCS/MLR 模型计算地下水各化学指标对因子的贡献，并对实测值和预测值进行拟合，选取代表组分绘制了拟合曲线，如图 6-2 所示。$Na^+ + K^+$、TDS 和 F^- 实测值与预测值的线性拟合决定系数 R^2 分别为 0.83、0.95 和 0.82（图 6-2），均大于 0.60，拟合效果较好，NO_3-N 实测值与预测值的 R^2 为 0.37（$R^2 < 0.60$），拟合效果较差。

为进一步验证主成分分析结果，得到各组分实测值和预测值的比值以及拟合决定系数，如表 6-2 所示。各组分实测值与预测值比值在 1.000 左右，除 HCO_3^-（0.50）、NO_3-N（0.37）、As（0.48）、I^-（0.58）和 TFe（0.51）外，其余组分 R^2 均大于或等于 0.60，平均值为 0.71，表明模型预测值和实测值之间存在适当相关关系，回归效果准确性高，该方法能够较好地识别影响因子对地下水水化学指标贡献程度。模型中各组分拟合效果依次为 SO_4^{2-}（0.95）、pH（0.95）＞Cl^-（0.90）＞TDS（0.88）＞Mg^{2+}（0.87）＞$K^+ + Na^+$（0.83）、

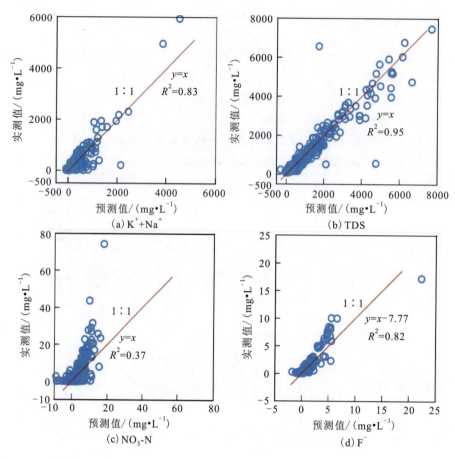

图 6-2 PCA/APCS-MLR 模型中 $Na^+ + K^+$、TDS、NO_3-N 和 F^- 实测值与预测值对比

NO_2-N（0.83）＞F^-（0.82）＞NH_4-N（0.78）＞Ca^{2+}（0.66）＞TH（0.62）＞Mn（0.60）＞I^-（0.58）＞TFe（0.51）＞HCO_3^-（0.50）＞As（0.48）＞NO_3-N（0.37）。

二、基于 PMF 模型的水化学指标来源识别

1. 模型设置

在 PMF 模型输入中，根据每个元素确定的信噪比（S/N）将各组分划分为"强""弱""坏"，$S/N>1$ 的组分被认为是具有可靠测量信号的组分，可作为合格数据运用到模型中。同时考虑到现场取样操作等外部不确定性因素的影响，本研究选择了额外 10.0% 的建模不确定性。在随机种子模式下，对 3~8 个因子进行检验，模型运行 100 次，在保证全局 Q 最小且 Q（true）≈Q（robust）下确定了 5 个因子。不确定性的输入会对 Q 值进行缩放，过高会引起 Q（true）和 Q（robust）相似，本研究 Q（true）和 Q（robust）分别为 8 363.20 和 8 411.60，比值为 0.99（＞0.95），表明地下水各组分的预测值与观测值之间有良好相关性（Su et al.，2019）。

表 6-2 APCS/MLR 模型中各组分贡献率

化学组分	公因子贡献率/%						平均实测值 M	平均预测值 P	比值 (M/P)	R^2
	PC1	PC2	PC3	PC4	PC5	其他				
$K^+ + Na^+$	**43.3**	11.1	3.1	9.1	2.1	31.3	114.27	114.27	1.0000	0.83
Ca^{2+}	**31.7**	13.7	2.3	2.0	0.6	49.7	69.44	69.44	1.0000	0.66
Mg^{2+}	**79.1**	0.1	2.5	0.8	1.4	16.2	25.72	25.72	1.0000	0.87
Cl^-	**49.7**	6.0	4.2	10.3	6.3	23.5	118.96	119.04	0.9994	0.90
SO_4^{2-}	**68.9**	7.5	4.8	8.1	2.1	8.6	204.37	204.37	1.0000	0.95
HCO_3^-	11.8	7.0	4.2	8.6	11.3	57.1	169.59	169.59	1.0000	0.50
pH	4.1	**9.1**	5.6	5.8	2.4	73.0	666.49	666.49	1.0000	0.95
TDS	**53.8**	10.3	0.7	1.0	0.4	33.8	268.39	268.39	1.0000	0.88
TH	4.1	**9.1**	5.6	5.8	2.4	73.0	8.00	8.00	1.0000	0.62
$NO_3 - N$	8.0	**13.6**	5.4	3.2	2.4	67.4	2.89	2.89	1.0000	0.37
$NO_2 - N$	1.6	1.1	**15.9**	6.5	**36.3**	38.6	0.04	0.04	1.0000	0.83
$NH_4 - N$	0.3	4.8	**13.7**	0.6	0.0	80.6	0.27	0.27	1.0000	0.78
As	2.6	**21.6**	**15.5**	**16.5**	7.2	36.6	0.01	0.01	0.9986	0.48
F^-	1.3	**8.1**	5.2	1.3	3.2	80.9	0.65	0.65	1.0000	0.82
I^-	2.1	**8.4**	1.2	3.2	2.6	82.5	0.03	0.03	1.0000	0.58
TFe	2.2	5.7	3.7	**10.2**	1.4	76.8	0.16	0.16	1.0000	0.51
Mn	6.8	4.5	2.4	**11.2**	2.4	72.7	0.06	0.06	1.0000	0.60

注：表中加粗数字表示在该因子中具有较高荷载水化学指标的贡献率。

由 PMF 模型计算结果（图 6-3）可以看出，代表组分 $Na^+ + K^+$、TDS 实测值与预测值的线性拟合决定系数 R^2 分别为 0.92 和 0.96（$R^2 > 0.60$），拟合效果相对较好，$NO_3 - N$ 和 F^- 实测值与预测值的 R^2 分别为 0.55 和 0.25（$R^2 < 0.60$），拟合效果相对较差。模型中各组分预测值与实测值决定系数 R^2 值介于 0.22～0.99 之间，平均值为 0.69，模型中各组分拟合效果依次为 $NO_2 - N$ (0.98) > TDS (0.96) > $K^+ + Na^+$ (0.92)、Cl^- (0.92) > SO_4^{2-} (0.90) > TH (0.86)、Mg^{2+} (0.86) > $NH_4 - N$ (0.77) > Ca^{2+} (0.71) > TFe (0.62) > HCO_3^- (0.59) > $NO_3 - N$ (0.55)、Mn (0.55) > I^- (0.46) > pH (0.44) > As (0.35) > F^- (0.22)。

2. 因子识别与源贡献计算

根据 PMF 模型输出的源成分谱（F 矩阵）按比例计算得到每个因子的贡献率以及各组分对各因子的贡献程度，结果如表 6-3 所示。地下水中各组分实测值与预测值比值在

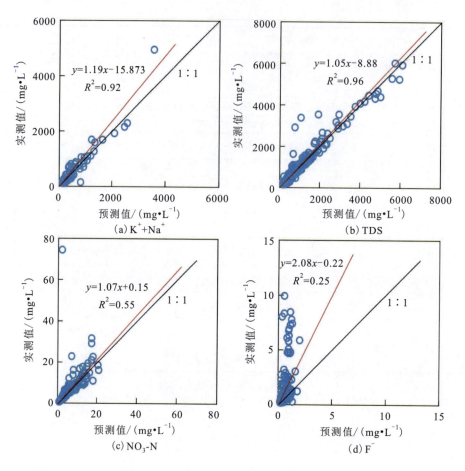

图 6-3 PMF 模型中，$Na^+ + K^+$、TDS、NO_3-N 和 F^- 实测值与预测值对比

1.000 左右（表 6-3）。因子 F1 主要荷载包括 $Na^+ + K^+$、Mg^{2+}、Cl^-、SO_4^{2-}、TDS 和 TH；因子 F2 主要荷载包括 Ca^{2+}、HCO_3^-、pH、TFe 和 Mn；因子 F3 主要荷载为 NO_3-N；因子 F4 主要荷载包括 As、F^- 和 I^-；因子 F5 主要荷载包括 NO_2-N 和 NH_4-N。

三、APCS/MLR 和 PMF 模型拟合效果对比

APCS/MLR 和 PMF 模型算法和结构的差异导致两个模型识别的因子和各因子的贡献率不同。APCS/MLR 模型选择特征值大于 1 的因子作为主要来源，在计算过程中考虑了各个主成分互不相关，未考虑因子荷载的非负约束性，在解析结果中存在负荷载及负贡献率，导致各因子主要荷载可能存在过高或过低的贡献率。F^- 为 PC2 中主要荷载，而 F^- 的贡献率（8.1%）低于 As 的贡献率（21.6%），且出现原因不明变量的贡献率，导致在来源解析过程中出现混乱。PMF 模型在矩阵分解过程中考虑了非负约束性原则，同时还考虑了与取样操作等外部因素有关的不确定度（本研究增加了 10.0%），迫使解析结果中的源成分谱和源贡献率中所有值为正数，其解析结果更具有客观性和可解释性。

表 6-3 PMF 模型中各因子源成分谱及贡献率

化学指标	源成分谱					因子贡献率/%					实际值/预测值
	F1	F2	F3	F4	F5	F1	F2	F3	F4	F5	
$K^+ + Na^+$	103.390	5.384	—	33.751	0.129	**72.5**	3.8	—	23.7	0.1	1.081 1
Ca^{2+}	19.012	25.388	19.061	0.749	—	29.6	**39.5**	29.7	1.2	—	1.091 7
Mg^{2+}	11.618	6.334	3.181	—	0.103	**54.7**	29.8	15	—	0.5	1.146 6
Cl^-	98.386	—	13.108	15.34	5.107	**77.5**	—	10.3	12.1	0.1	1.149 7
SO_4^{2-}	160.820	27.188	26.758	20.623	—	**68.3**	11.6	11.4	8.8	—	1.078 2
HCO_3^-	4.731	91.010	17.132	35.489	0.238	3.2	**61.2**	11.5	23.9	0.2	1.085 2
pH	—	4.176	0.660	3.103	0.019		**52.5**	8.3	39.0	0.2	1.072 4
TDS	478.120	100.94	68.887	91.784	—	**64.7**	13.6	9.3	12.4	—	1.044 8
TH	101.020	99.792	68.272	1.543	8.873	**37.1**	36.5	25.1	0.6	0.7	1.112 5
NO_3-N	0.013	0.093	2.174	0.101	0.010	0.5	3.9	**90.8**	4.4	0.4	1.039 2
NO_2-N	—	—	—	0.002	8.037	—	—	—	6.2	**93.8**	1.000 4
NH_4-N	0.001	0.017	—	0.011	0.023	2.7	31.4	—	21.7	**44.2**	1.087 3
As	—	—	—	0.005	—	—	—	3.5	**96.5**	—	1.014
F^-	0.040	0.100	0.001	0.323	—	8.6	21.6	0.2	**69.6**	—	1.384 9
I^-	0.002	0.003	—	0.019	—	9.5	12.2	—	**78.3**	—	1.270 8
TFe	0.005	0.025	0.003	0.017	—	9.3	**50.3**	5.5	34.9	—	1.248 9
Mn	0.003	0.008	—	0.008	—	16.7	**42.7**	—	40.6	—	0.854 1

注:"—"表示在该组分对因子贡献率为 0,加粗数字表示在该因子中具有较高荷载水化学指标的贡献率。

APCS/MLR 和 PMF 模型各组分实测值与预测值的线性拟合决定系数 R^2 平均值分别为 0.71 和 0.69,较为接近。在不同模型代表组分的泰勒图中,实弧线表示标准差,虚弧线表示均方根误差,实线代表预测值与实测值的相关性,REF 为实测值,距 REF 点越近,表明模型的模拟性能越好。如图 6-4 所示,$K^+ + Na^+$ 和 TDS 中 PMF 模型的预测值与 REF 点的距离相对较近,相关性较好,模型拟合效果较好;NO_3-N 中各模型的预测值与 REF 点的距离接近;F^- 中 APCS/MLR 模型的预测值与 REF 点的距离较近,相关性较好,模型拟合效果较好。

为进一步分析各模型的拟合效果,计算了各组分相关系数(r)、预测值标准差(σ)和均方根误差(RMSE),如表 6-4 所示。由 APCS/MLR 和 PMF 模型拟合参数对比(表 6-4)可以看出,APCS/MLR 和 PMF 模型中各组分平均相关系数分别为 0.84 和 0.82;预测值的平均标准差分别为 183.73 和 163.69;平均均方根误差分别为 60.42 和 55.65。由此表

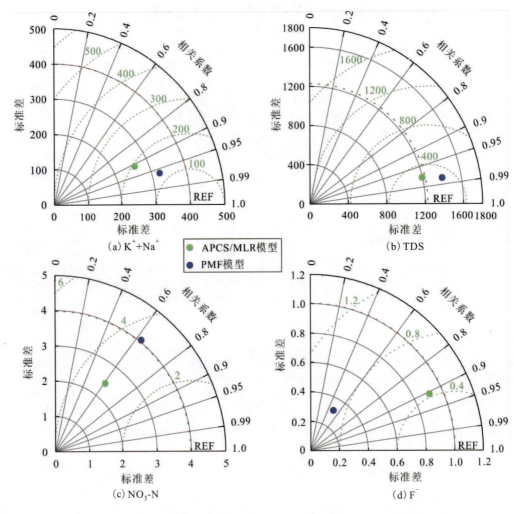

图 6-4 APCS/MLR 和 PMF 模型中 $K^+ + Na^+$、TDS、NO_3-N 和 F^- 的实测值与预测值之间关系的泰勒图

明 PMF 模型拟合效果较好,提供的各组分来源解析结果更为合理,更真实地反映了地下水水质成因状况。

四、地下水水化学指标来源因子识别

为有效地识别地下水各化学指标来源,将 Pearson 相关系数与 PMF 模型源贡献相结合以分析各指标之间的联系和来源的相似度,如图 6-5 所示。

由因子贡献率和成分谱[图 6-5(a)(b)]可以看出,F1 的贡献率为 54.7%,主要荷载为 $K^+ + Na^+$(72.5%)、Mg^{2+}(54.7%)、Cl^-(77.5%)、SO_4^{2-}(68.3%)、TDS(64.7%)和 TH(37.1%)。研究区第四纪松散岩类沉积物为地下水水化学指标溶滤、迁移和富集提供了良好的空间,在强烈的水岩交替作用下,盐岩(Na^+、Cl^-)、白云石(Ca^{2+}、Mg^{2+})、石膏(Ca^{2+}、SO_4^{2-})等矿物溶解、迁移,导致水中 $K^+ + Na^+$、Mg^{2+}、Cl^- 和 SO_4^{2-}

表 6-4 APCS/MLR 和 PMF 模型拟合参数对比

化学指标	APCS/MLR 模型			PMF 模型		
	相关系数 (r)	预测值标准差 (σ)	均方根误差 ($RMSE$)	相关系数 (r)	预测值标准差 (σ)	均方根误差 ($RMSE$)
$K^+ + Na^+$	0.91	260.60	191.64	0.96	322.49	126.73
Ca^{2+}	0.81	63.89	45.69	0.84	74.13	43.50
Mg^{2+}	0.93	43.17	16.76	0.93	37.70	19.48
Cl^-	0.95	325.55	106.91	0.96	309.78	106.54
SO_4^{2-}	0.97	443.87	147.39	0.95	507.92	112.67
HCO_3^-	0.71	64.65	63.97	0.77	50.21	65.16
pH	0.97	0.37	0.29	0.66	2.03	2.03
TDS	0.94	1 595.78	333.35	0.98	1 111.50	313.14
TH	0.79	318.59	115.53	0.93	361.59	150.47
NO_3-N	0.61	2.43	3.15	0.74	4.04	3.95
NO_2-N	0.91	0.30	0.14	0.99	0.57	0.09
NH_4-N	0.88	2.86	1.50	0.88	0.36	0.30
As	0.69	0.01	0.02	0.59	0.01	0.03
F^-	0.91	0.91	0.42	0.47	0.31	0.91
I^-	0.76	0.03	0.02	0.68	0.02	0.05
TFe	0.71	0.25	0.30	0.79	0.02	0.62
Mn	0.77	0.15	0.12	0.74	0.01	0.30

含量增加，TDS 和 TH 随之变化，在水文地质条件影响下，富集于冲积平原。地下水中 $K^+ + Na^+$、Mg^{2+}、Cl^-、SO_4^{2-} 和 TDS、TH 表现出较强的正相关性 [图 6-5 （c）]。因此，将 F1 归为溶滤-迁移-富集源。

F2 的贡献率为 20.3%，主要荷载为 Ca^{2+} （72.5%）、HCO_3^- （54.7%）、pH （52.5%）、TFe （50.3%）和 Mn （42.7%）。地下水中 Ca^{2+}、HCO_3^- 主要来源于碳酸盐岩溶解，而 HCO_3^- 存在与 pH 值高低密切相关。研究区地下水主要以 HCO_3^- 形式存在，pH 处于中性或弱碱性，从山前倾斜平原到冲积平原，地下水 pH 值增加，HCO_3^- 呈减小趋势。HCO_3^- 与 pH 表现出较强负相关，与 Ca^{2+} 呈较强正相关 [图 6-5 （c）]。此外，大气中和地层深源的 CO_2 进入水中，生成的 H^+ 与地层中有机质的碳原子结合成碳氢化合物，水中 HCO_3^- 也可能因"加氢作用"而形成（王仲侯等，1998），反应方程如下：

$$CO_2 + H_2O \longleftrightarrow H^+ + HCO_3^- \tag{6-1}$$

$$CO_2 + H_2O \longleftrightarrow 2H^+ + CO_3^{2-} \tag{6-2}$$

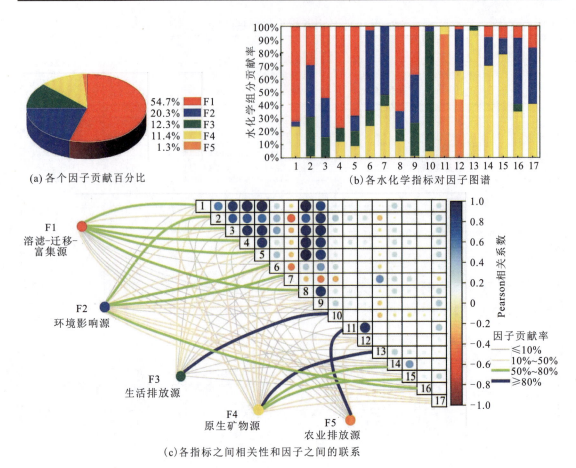

1. $K^+ + Na^+$；2. Ca^{2+}；3. Mg^{2+}；4. Cl^-；5. SO_4^{2-}；6. HCO_3^-；7. pH；8. TDS；9. TH；10. NO_3-N；
11. NO_2-N；12. NH_4-N；13. As；14. F^-；15. I^-；16. TFe；17. Mn。

图 6-5 PMF 模型中各个因子贡献百分比、各水化学指标对因子图谱、各指标相关性和因子之间的联系

$$HCO_3^- \longleftrightarrow H^+ + CO_3^{2-} \qquad (6-3)$$

Fe 是研究区分布最为广泛的元素之一，研究区南部山区广泛分布赤铁矿。泥火山喷发出的泥质沉积物中富集的伊利石、绿泥石和方解石等矿物中含有丰富的 Mn，而 Fe 与 Mn 在地下水中存在的形式不仅与 pH 有关，还与氧化还原环境有关。因此将 F2 归为环境影响源。

F3 的贡献率为 12.3%，主要荷载为 NO_3-N（90.8%）。在自然条件下，水环境中 NO_3-N 主要来源于大气中氮氧化物溶于雨水的补给或是固氮菌固氮作用（Peng et al.，2018）。而从研究区地下水中 NO_3-N 的空间分布来看，NO_3-N 高值区主要分布于山前倾斜平原城市附近单一结构潜水中，因此认为 NO_3-N 主要来源于生产生活中污水的排放，刘一博（2018）的研究也证实了这一观点。此外污水中也存在 NO_2-N，但在氧化环境中 NO_2-N 易发生硝化作用向 NO_3-N 转化。因此将 F3 归为生活排放源。

F4 的贡献率为 11.4%，主要荷载为 As（96.5%）、F^-（69.6%）和 I^-（78.3%）。As 以硫化物结合的形式出现在南部富砷煤层中，氧化还原条件改变后，吸附在硫化物上的 As

可能释放到地下水中，F⁻来源于萤石等矿物，I⁻的来源与冲洪积-湖积物有关（Zeng et al.，2018；孙英等，2021）。影响地下水 As、I⁻和 F⁻富集的原因除了地质背景、地质酸碱环境，还可能有人为活动，如工业排放和农业活动，但研究区高砷、高碘和高氟地下水主要存在于承压含水层中。因此将 F4 归为原生矿物源。

F5 的贡献率为 1.3%，主要荷载为 NO_2-N（93.8%）和 NH_4-N（44.2%）。农业耕作中含氮化肥的使用是水体中 NH_4^+ 和 NO_2^- 富集的原因之一，在硝化作用过程中，微生物可将水体中 NH_4-N 转化为 NO_2-N。此外，NH_4-N 和 NO_2-N 还来自生活和工业废水的排放，而研究区 NO_2-N 和 NH_4-N 主要分布于多层结构潜水和承压含水层，且 NO_2-N 和 NH_4-N 呈现较强的正相关［图 6-5（c）］。因此将 F5 归为农业排放源。

综上所述，F1、F2、F3、F4 和 F5 因子对地下水水化学指标的平均贡献率分别为：54.7%、20.3%、12.3%、11.4% 和 1.3%。由此可见，研究区地下水各化学指标主要来源于溶滤-迁移-富集作用，同时受到地质环境、原生地质和外界输入（生活和农业排放）的影响。

第二节　自然因素对地下水水质的影响

一、地质构造及水文地质因素

石炭纪中晚期（海西运动期），准噶尔陆块周围褶皱山系隆升，中央下陷逐渐成为盆地；二叠纪到古近纪（印支、燕山运动期），盆地经历了漫长的隆起凹陷发育，中心整体下沉；新近纪至第四纪（喜马拉雅运动期），盆地南缘剧烈隆升、腹部和北部整体抬升。区域挤压背景下准噶尔盆地-天山过渡带发生逆冲扭曲变形，最终形成现今的构造分带、分段及分层结构特征（图 6-6）。山前倾斜平原主要位于齐古断褶带-霍玛吐背斜带-阜康断裂带。

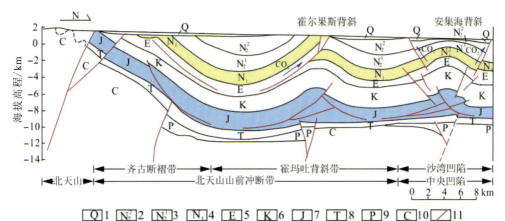

1. 第四系；2. 中部上新统；3. 下部上新统；4. 中新统；5. 古近系；6. 白垩系；7. 侏罗系；8. 三叠系；9. 二叠系；10. 石炭系；11. 断层。

图 6-6　天山北麓中段山前过渡带构造剖面

地质构造运动过程中形成一系列断褶和裂隙，裂隙作为流体的运移通道，其发育程度对地下水水化学指标形成具有重要的影响。山前倾斜平原节理裂隙发育，为地下水运移和赋存提供通道。上石炭统、中二叠统（红雁池组、芦草沟组）、上三叠统、中—下侏罗统（八道湾组—西山窑组）、下白垩统（吐谷鲁群）和古近系（安集海河组）是天山北麓中段 6 套烃源岩主要的发育层系，烃源岩经过高成熟阶段生成 CO_2，受断裂构造影响，深层 CO_2 进入浅层地下水，从而影响浅层地下水水质，这是山前倾斜平原单一结构潜水 SO_4^{2-}、HCO_3^- 含量较高的原因之一。

研究区含水层结构、富水性由南向北水平分带明显。根据含水介质结构及组合的不同，平原区为单一结构和双层或多层结构松散岩类孔隙水，富水性由南向北逐渐变弱，单井涌水量从 $1000 \sim 5000$ m^3/d 过渡到小于 100 m^3/d。山前倾斜平原作为研究区地下水补给区，含水层主要为卵石、砾石和砂砾石，含水层的颗粒间空隙大，河流两侧的渗透系数达到 $60 \sim 100$ m/d，水力坡度为 $2.6‰ \sim 5.3‰$，地下水流速大于冲积平原，有利于水中化学指标的迁移，水中离子含量相对较低。冲积平原沉积物颗粒主要为砂河黏土，渗透系数小于 20 m/d，水力坡度为 $1.4‰ \sim 1.6‰$，地下水径流条件相对山前倾斜平原差，水中各离子富集。区域地质构造形态决定了地下水的补、径、排特征。在新构造运动的控制下，区内东部山体隆升速度大于西部，沉降中心逐渐向西推移，地下水流场向西偏移，地下水中各组分在乌苏市西北部（中拐凸起、沙湾凹陷）等区域形成高值区。

二、地下水水化学形成机制及作用

1. 水化学形成机制分析

Gibbs 图将天然水体水化学演化过程划分为大气降水、岩石溶滤和蒸发浓缩 3 种主要控制因素。由研究区地下水 Gibbs 图（图 6-7）可以看出，单一结构潜水、多层结构潜水和承压水中 $\gamma Na^+/\gamma(Na^++Ca^{2+})$ 的范围分别介于 $0.01 \sim 0.98$、$0.02 \sim 1.00$ 和 $0.13 \sim 0.99$ 之间，$\gamma Cl^-/\gamma(Cl^-+HCO_3^-)$ 的范围分别为 $0.01 \sim 0.98$、$0.07 \sim 0.98$ 和 $0.03 \sim 0.97$，其中单一结构潜水点分布较为集中，主要分布在岩石溶滤区附近；多层结构潜水点分布分散，落在岩石溶滤区并向蒸发浓缩区和虚线外围偏移；承压水主要分布在岩石溶滤区并向虚线外围偏移，表明研究区地下水中离子主要来源于岩石溶滤作用，多层结构潜水还受到蒸发浓缩作用的影响。多层结构潜水和承压水水样点没有较好的聚集性，偏向控制区外围，这可能与阳离子交换作用有关。研究区降水稀少，干燥气候导致地下水水化学受大气降水作用的影响较小，水样点均未落在大气降水作用控制区。

2. 岩石风化源判别

通过地下水 $\gamma(Mg^{2+}/Na^+)$ 与 $\gamma(Ca^{2+}/Na^+)$、$\gamma(HCO_3^-/Na^+)$ 与 $\gamma(Ca^{2+}/Na^+)$ 建立的对数关系比值端元散点图，可以判断溶滤作用下地下水组分与岩石风化的类型有关，即碳酸盐岩、硅酸盐岩和蒸发盐岩（林聪业等，2021）。如图 6-8 所示，单一结构潜水点分布较为集中，主要分布于碳酸盐岩和硅酸盐岩之间。多层结构潜水和承压水组分含量大，水样点分布相对分散，在碳酸盐岩和硅酸盐岩、硅酸盐岩和蒸发岩盐之间均有分布。这表明单

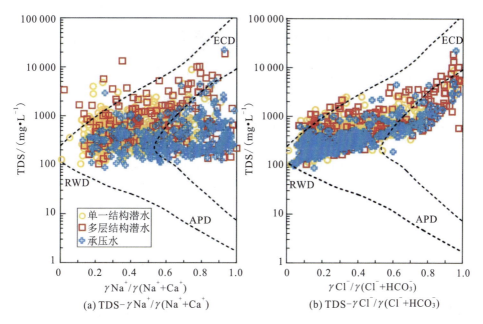

EDC. 蒸发浓缩作用；RWD. 岩石溶滤作用；APD. 大气降水作用。

图 6-7 地下水 Gibbs 图

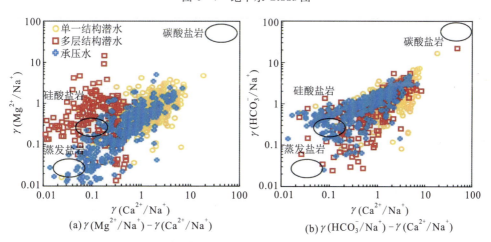

图 6-8 地下水离子比端元图

一结构潜水主要受碳酸盐岩和硅酸盐岩溶滤作用影响，多层结构潜水和承压水不仅受到碳酸盐岩和硅酸盐岩溶滤作用影响，其化学成分还与蒸发岩盐风化水解有关。

3. 溶滤作用

矿物的溶解、平衡状态可以通过饱和指数（SI）反映。利用 PHREEQC 软件计算研究区含水层中主要矿物方解石、白云石、萤石、石膏和岩盐的饱和指数以及 CO_2 分压。SI 计算公式如下：

$$SI = \lg\left(\frac{LAP}{K}\right) \tag{6-4}$$

式中，LAP 为溶液中相关离子的活度积；K 为溶解反应的平衡常数。SI>0，表示该矿物处于饱和状态；SI<0，表示该矿物处于溶解状态；SI 变化范围为 $-0.5\sim0.5$，表示该矿物在水溶液中处于平衡状态。

由地下水中各矿物相的饱和指数与相对贴近度 C 的关系 [图 6-9（a）（b）（c）] 可以看出，研究区地下水中方解石和白云石矿物相主要处于平衡或饱和状态，萤石、石膏和岩盐矿物相主要处于溶解状态，其中岩盐溶解强度最大。矿物的溶解不仅提供了 Na^+，还产生了 K^+、Ca^{2+}、Mg^{2+}、F^- 和 SO_4^{2-}，但随着相对贴近度 C 值的增加，岩盐、石膏和萤石溶解度降低，表明岩盐、石膏和萤石的溶滤是影响水质劣化的原因之一。

方解石和白云石趋于饱和，限制了溶液中 Ca^{2+}、Mg^{2+} 的进一步增加，与 Na^+ 相比，区内地下水中 Ca^{2+}、Mg^{2+} 含量较低，在相同条件下，水中 Na^+ 含量越高，形成 $NaHCO_3$ 型水的可能性就越大。P_{CO_2} 的高低可以反映地下水出露特征，研究区地下水中 CO_2 分压（P_{CO_2}）范围介于 $0.00\sim4.17$ kPa 之间 [图 6-9（d）]，平均值为 0.16 kPa，高于大气中的 CO_2 分压（0.031 6 kPa），表明研究区地下水系统为开放系统，大气中和地层深源中的 CO_2 气体进入浅层地下水富集形成 HCO_3^-。在 P_{CO_2} 与 TDS 对数关系中 [图 6-9（d）]，低于大气中 P_{CO_2} 的水样点主要落在 TDS<1000 mg/L 区域内且多为承压水，水化学类型主要为 $NaHCO_3$

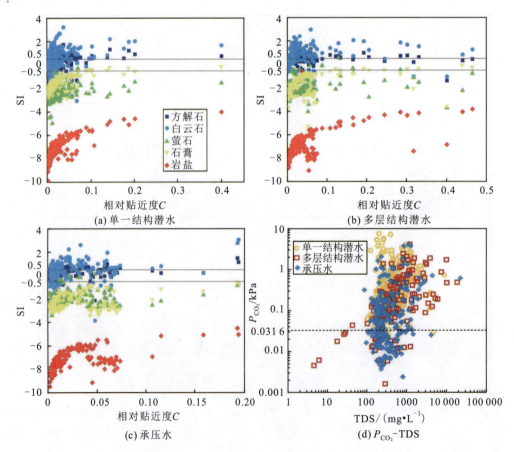

图 6-9 单一结构潜水、多层结构潜水、承压水中各矿物相的饱和指数（SI）与相对贴近度 C 的关系图及 P_{CO_2} 与 TDS 的关系图

型，说明承压水封闭性相对较好，地下水受到脱硫酸作用，由于HCO_3^-在不同TDS水中的溶解度不同，淡水（TDS<1000 mg/L）更有利于HCO_3^-富集，它与Na^+共存，形成$NaHCO_3$型水。

由前文分析结果得知研究区地下水水化学指标来源于碳酸盐岩和硅酸盐岩溶滤作用，而方解石和白云石主要处于平衡或饱和状态。利用水化学矿物平衡体系进一步分析硅酸盐和铝硅酸盐等原生矿物的溶解平衡特征。由图6-10可知，在$K^+-H^+-SiO_2$矿物稳定场中，水样点主要位于高岭石、白云母稳定端元内，个别水样点落在钾长石稳定端元内［图6-10 (a)］；在$Na^+-H^+-SiO_2$矿物稳定场中，水样点基本位于高岭石稳定端元内［图6-10 (b)］；在$Ca^{2+}-H^+-SiO_2$矿物稳定场中，水样点主要位于高岭石稳定端元内［图6-10 (c)］；在$Mg^{2+}-H^+-SiO_2$矿物稳定场中，样点大部分位于绿泥石稳定端元中，少部分位于高岭石稳定端元内［图6-10 (d)］。各矿物稳定场中水样点主要位于石英饱和线右侧，但均未达到非晶质SiO_2饱和线，表明区内地下水受到如钾长石、钠长石、钙长石、辉石和橄榄

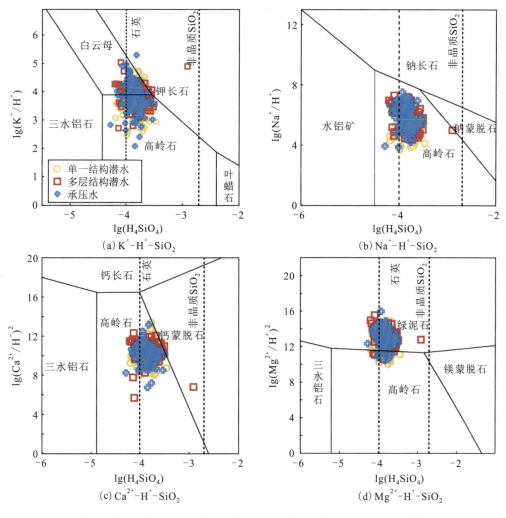

图6-10 地下水$K^+-H^+-SiO_2$、$Na^+-H^+-SiO_2$、$Ca^{2+}-H^+-SiO_2$和$Mg^{2+}-H^+-SiO_2$矿物稳定场图

石等硅酸盐和铝硅酸盐原生矿物溶滤作用的影响，这些原生矿物的非全等溶解对水中 K^+、Na^+、Ca^{2+}、Mg^{2+} 以及可溶性 SiO_2 的形成具有一定影响，在反应过程中，铝硅酸盐沉淀以高岭石、钙蒙脱石、绿泥石和白云母为主，同时消耗水中 CO_2 气体，引起水中 HCO_3^- 的变化，其矿物反应方程式见表 6-5。

表 6-5 硅酸盐和铝硅酸盐中矿物反应方程式

矿物	反应方程式
钾长石	$2KAlSi_3O_8 + 2CO_2 + 11H_2O \Longrightarrow Al_2Si_2O_5(OH)_4 + 2K^+ + 2HCO_3^- + 4H_4SiO_4$
钠长石	$2NaAlSi_3O_8 + 2CO_2 + 11H_2O \Longrightarrow Al_2Si_2O_5(OH)_4 + 2Na^+ + 2HCO_3^- + 4H_4SiO_4$
钙长石	$2CaAl_2Si_2O_8 + 4CO_2 + 6H_2O \Longrightarrow Al_4Si_4O_{10}(OH)_8 + 2Ca^{2+} + 4HCO_3^-$
斜长石	$Na_{0.62}Ca_{0.38}Al_{1.38}Si_{2.62}O_8 + 1.38CO_2 + 4.55H_2O \Longrightarrow 0.69Al_2Si_2O_5(OH)_4 + 0.62Na^+ + 0.38Ca^{2+} + 1.38HCO_3^- + 1.24H_4SiO_4$
辉石	$[CaMg_{0.7}Al_{0.6}Si_{1.7}]O_6 + 3.4CO_2 + 4.5H_2O \Longrightarrow 0.3Al_2Si_2O_5(OH)_4 + Ca^{2+} + 0.7Mg^{2+} + 1.1H_4SiO_4 + 3.4HCO_3^-$
镁橄榄石	$Mg_2SiO_4 + 4H_2O \Longrightarrow 2Mg(OH)_2 + H_4SiO_4$
绿泥石	$Mg_5Al_2Si_3O_{10}(OH)_6 + 14H^+ \Longrightarrow 5Mg^{2+} + 2Al^{3+} + 3H_4SiO_4 + 4H_2O$
钙蒙脱石	$6Ca_{0.167}Al_{2.33}Si_{3.67}O_{10}(OH)_2 + 60H_2O + 12OH^- \Longrightarrow Ca^{2+} + 14Al(OH)_4^- + 22H_4SiO_4$
镁蒙脱石	$6Mg_{0.167}Al_{2.33}Si_{3.67}O_{10}(OH)_2 + 60H_2O + 12OH^- \Longrightarrow Mg^{2+} + 14Al(OH)_4^- + 22H_4SiO_4$

4. 阳离子交替吸附作用

利用 $\gamma(Na^+ - Cl^-)/\gamma[(Ca^{2+} + Mg^{2+}) - (HCO_3^- + SO_4^{2-})]$ 比值关系和氯碱指数可以判断地下水中是否发生阳离子交换。氯碱指数（CAI1、CAI2）计算公式如下：

$$CAI1 = \frac{Cl^- - (Na^+ + K^+)}{Cl^-} \tag{6-5}$$

$$CAI2 = \frac{Cl^- - (Na^+ + K^+)}{HCO_3^- + SO_4^{2-} + CO_3^{2-} + NO_3^-} \tag{6-6}$$

式中，各组分含量单位均为 mEq/L（1mEq/L=1 mol/m³×价态）。当 CAI1 和 CAI2 均为正时，地下水中 K^+、Na^+ 与黏土矿物中 Ca^{2+}、Mg^{2+} 发生离子交换；当 CAI1 和 CAI2 均为负时，地下水中 Ca^{2+}、Mg^{2+} 与黏土矿物中 K^+、Na^+ 发生离子交换。CAI1 和 CAI2 绝对值越大，阳离子交换作用越易发生。

研究区承压水 $\gamma(Na^+ - Cl^-)/\gamma[(Ca^{2+} + Mg^{2+}) - (HCO_3^- + SO_4^{2-})]$ 相对单一结构潜水、多层结构潜水更接近-1 [图 6-11（a）]，表明研究区单一结构潜水、多层结构潜水和承压水中均存在阳离子交换作用，而承压水离子交换作用相对更强。从山前倾斜平原到冲积平原，地层中岩土颗粒逐渐变细，离子交换越强烈，这也是多层结构潜水和承压水形成高 TDS 高 Na 型水的原因之一。在氯碱指数（CAI1 和 CAI2）关系图中 [图 6-11（b）]，单一结构潜水和多层结构潜水中 CAI1 和 CAI2 同时存在小于 0 或大于 0 的点，承压水 CAI1

和 CAI2 多为负值且氯碱指数波动性较大,表明单一结构潜水和多层结构潜水同时存在正向阳离子和反向阳离子交换,承压水主要发生正向阳离子交换。含 Na^+、K^+ (Ca^{2+}、Mg^{2+}) 的黏土矿物被水中的 Ca^{2+}、Mg^{2+} (Na^+、K^+) 替换,Ca^{2+}、Mg^{2+} 的增加促进了 Ca、Mg 型地下水的形成,Na^+ 含量的降低有利于岩盐、钠长石等矿物水解作用的进行。

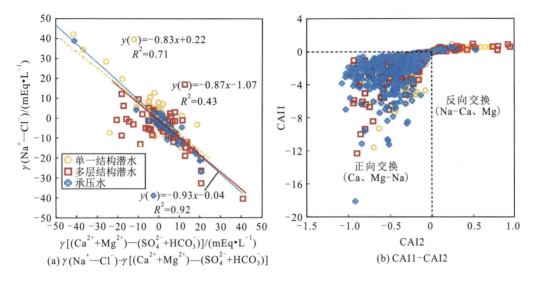

图 6-11 地下水中 $\gamma(Na^+-Cl^-)$ 和 $\gamma[(Ca^{2+}+Mg^{2+})-(HCO_3^-+SO_4^{2-})]$ 关系图以及 CAI1 和 CAI2 关系图

第三节 人为因素对地下水水质的影响

一、工矿业活动和农业活动、生活污水排放

天山北麓中段绿洲带地下水 SO_4^{2-} 含量介于 7.65~9345.16 mg/L 之间,平均值为 224.50 mg/L,SO_4^{2-} 超过《地下水质量标准》(GB/T 14848—2017) Ⅲ类标准限值 (250.0 mg/L) 的样本数占总样本数的 19.5%,仅次于 As。根据 $\gamma(SO_4^{2-}/Ca^{2+})$ 与 $\gamma(NO_3^-/Ca^{2+})$ 比值可以识别地下水受工矿业活动、农业活动和生活污水排放的影响程度,当受人为活动影响较大时,比值相对较高。由图 6-12 (a)(b) 和 (c) 可以看出,研究区 2010—2018 年地下水 SO_4^{2-}/Ca^{2+} 比值均较大,高值主要分布于多层结构潜水和承压水含水层中;NO_3^-/Ca^{2+} 的高值主要分布于单一结构潜水含水层中,比值随时间增加呈增大趋势。

研究区地下水中 SO_4^{2-} 主要来源于石膏等硫酸盐矿物的溶滤作用 ($SI<0$) 和受深层 H_2S 等气体上移的影响,而人为活动也是导致地下水 SO_4^{2-} 含量较高的原因之一。SO_4^{2-} 相对高值区主要集中于城镇附近及矿产资源分布区周围,根据 SO_4^{2-} 含量与采样点距工业、矿区最短距离之间关系图 6-12 (d),SO_4^{2-} 含量超过标准限值的主要为多层结构潜水和承压

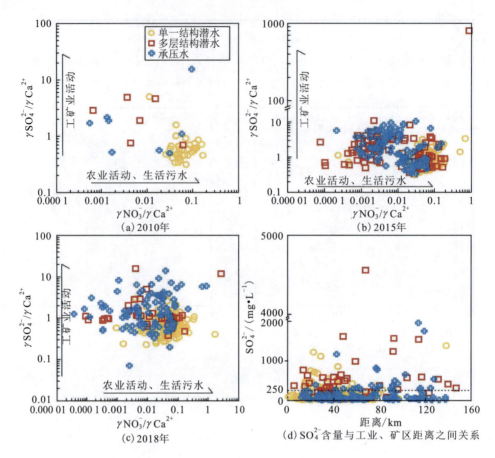

图 6-12 2010、2015、2018 年地下水中 $\gamma SO_4^{2-}/\gamma Ca^{2+}$ 与 $\gamma NO_3^-/\gamma Ca^{2+}$ 关系图和 SO_4^{2-} 含量与采样点距工业、矿区距离之间关系图

注：(d) 中虚线表示《地下水质量标准》(GB/T 14848—2017) 中 SO_4^{2-} Ⅲ类标准限值。

水且样本点距离工业、矿区 40.0 km 内，SO_4^{2-} 超标率相对较高。天山北麓中段是重要的工业发展区和矿产资源开发区，根据新疆维吾尔自治区国土自然资源厅 2004 年 8 月编制的《新疆维吾尔自治区矿产开发简明图集》，研究区地层中有大量含石膏（$CaSO_4 \cdot 2H_2O$）和芒硝（$Na_2SO_4 \cdot 10H_2O$）等可溶盐矿物以及煤系地层有大量的含 S 矿物（如 FeS_2），矿产资源开发和脱硫过程易造成区域次生硫酸盐污染物汇流到潜水含水层中，在地下水开采过程中，上层受污染潜水越流补给下层承压水，导致承压水 SO_4^{2-} 富集。此外，工业废水的排放也会造成区域地下水 SO_4^{2-} 含量增高。

夜光遥感能够显示夜间城镇灯光等可见光辐射源，具有反映人类活动的独特能力，广泛应用于区域发展研究、生态环境评估等研究领域。研究区地下水 NO_3-N 主要富集于城市附近单一结构潜水含水层中。为进一步反映人类活动对地下水 NO_3-N 的影响，将夜光遥感数据与 NO_3-N 进行空间耦合。先对地下水中 NO_3-N 空间分布和夜光遥感数据进行栅格归一化处理，基于 1.5 倍标准差分级原则（陈斌等，2020），将两类数据分为低、中和高 3 个等级并对其进行空间叠加，得到 NO_3-N 空间分布和夜光遥感数据空间耦合结果分布图（图 6-13）。

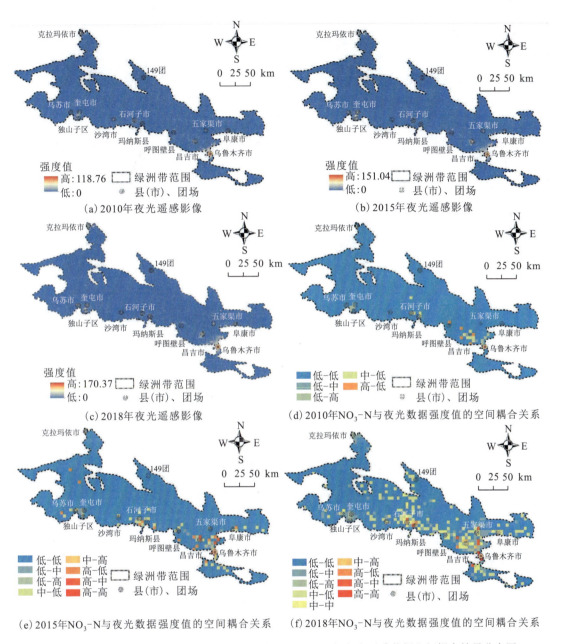

图6-13 天山北麓中段绿洲带夜光遥感影像和 NO_3-N 与夜光遥感数据空间耦合结果分布图

由研究区夜光遥感数据分布[图6-13(a)(b)(c)]可以看出，空间从城区向周边外围呈现逐渐递减的趋势，夜光遥感数据和 NO_3-N 高值分布于城市附近。NO_3-N 空间分布和夜光遥感数据空间耦合结果分布[图6-13(d)(e)(f)]，主要表现为中-低、低-中和中-中耦合关系，其中高-高耦合关系主要分布于乌鲁木齐市、昌吉市和石河子市，这进一步表明地下水中 NO_3-N 来源与人类活动有关。中-低、低-中耦合关系表明 NO_3-N 来源还可能与其他因素有关，如 NO_3-N 的排放强度和排放源分布。随时间推移夜光遥感数据和 NO_3-N 分布相一致区域（高-高耦合分布区域）增多，表明 NO_3-N 受人类活动的影响增强。

二、地下水流场变化

地下水水位变化是影响地下水水化学指标迁移富集重要的外在条件。在天然状态下，绿洲带潜水流场总趋势由山前向平原区径流，汇入河、湖，等水位线相对密集，水力坡度由山前 1.5‰～3.0‰变为 3.5‰～6.0‰，动态类型由径流型转为径流排泄型。承压水等水位线相对稀疏，水力坡度较潜水小，径流排泄相对缓慢，总体趋势由北向南，主要接受单一结构潜水侧向径流补给以及相邻含水层越流补给。山前倾斜平原到冲积平原地下水的水动力条件变差，水中各组分富集于冲积平原。上层潜水与下层承压水的混合作用也是影响地下水水化学成分的重要因素之一，混合作用下水中离子含量垂向移动曲线波动范围小。在地下水样主要化学成分沿典型剖面 A-A′地下水流向变化 Schoeller 图（图 6-14）中，多层结构潜水和承压水化学指标垂向移动曲线具有变化趋势一致且形状波动范围不大的特点，表明冲积平原承压水受到了上覆潜水混合作用的影响。在垂向交替混合作用的影响下，绿洲带中部（阜康市）、北部（149 团）、西北部（乌苏北部）等区域潜水和承压水各化学指标均表现为高值区，承压水中 NO_2-N、NH_4-N 含量均高于冲积平原潜水。

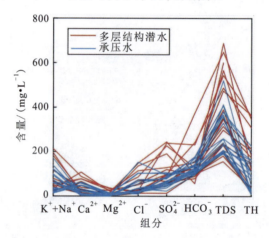

图 6-14　天山北麓中段绿洲带剖面 A-A′地下水样点 Schoeller 图

近 40 来年受人类活动（地表水拦蓄、渠道防渗技术提高和地下水开采量增加）的影响，绿洲带单一结构潜水水位一般下降 4.0～10.0 m（1985—2003 年），泉水流量减少，水力坡度由 20 世纪 70 年代的 1.5‰～3.0‰变为 2003 年的 1.0‰～2.0‰。承压水水力梯度由 20 世纪 70 年代的 3.0‰～5.0‰变为 2003 年的 3.5‰～6.5‰，地下水水位下降 10.0～60.0 m（1985—2003 年），在沙漠边缘 149 团等地形成地下水降落漏斗（图 6-15、图 6-16）。昌吉市、玛纳斯县和石河子市局部地段形成地下水超采区。地下水位下降的同时改变了地下水动力场，上层水质较差的潜水越流补给下层承压水，同时不规范的成井工艺，也会使劣质潜水通过井壁入渗补给承压水，导致绿洲带承压水水质逐渐变差。

自 2015 年起昌吉市、石河子市和乌苏市等地开始陆续实施退地减水、自备井关停、井电双控等地下水超采区治理措施，地下水超采得到有效控制。根据自然资源部 2018 年 10 月绿洲带国家级监测井地下水等水位线（图 6-17、图 6-18）得到潜水水力坡度为 1.5‰～

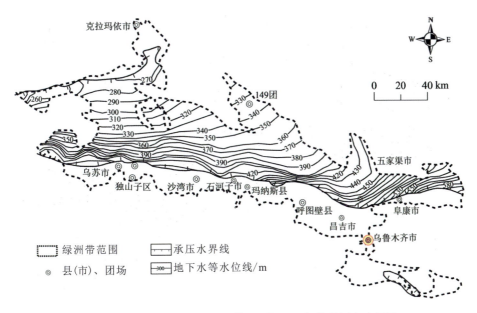

图 6-15　天山北麓中段绿洲带 20 世纪 70 年代承压水流场图

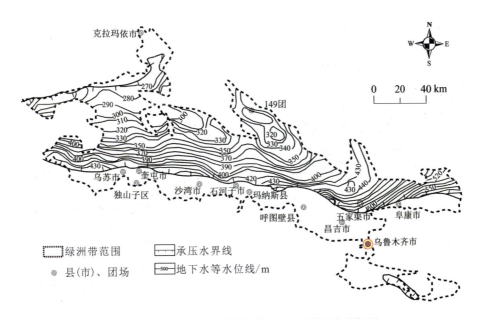

图 6-16　天山北麓中段绿洲带 2003 年承压水流场图

10.1‰，承压水水力坡度为 1.2‰～8.3‰。乌苏市、奎屯市和昌吉市等地下水水力坡度较大，水力坡度较小区域位于冲积平原 149 团附近，该区地下水位下降接近 20.0 m（2003—2018 年）。地下水水位下降速率降低，2018 年承压水水质整体较 2015 年好。

为反映地下水水位变化与各化学指标相关强度，本节对乌-昌-石城市群典型区监测井（J4、J5、J6、J9、J10、J12、J13、J19、J24）各年份平均地下水埋深与水化学指标进行 Pearson 分析，结果如图 6-19 所示。由图 6-19 可以看出，平均地下水埋深主要与承压水

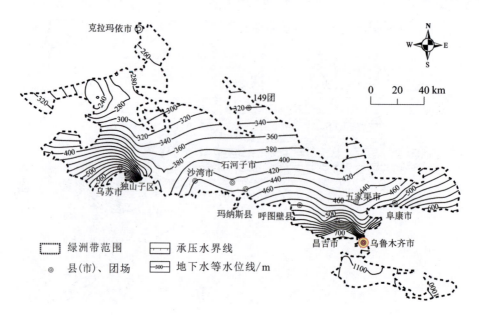

图 6-17 天山北麓中段绿洲带 2018 年潜水流场图

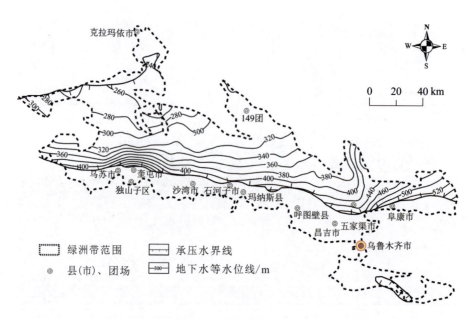

图 6-18 天山北麓中段绿洲带 2018 年承压水流场图

(J4、J12) 中水化学指标呈显著性相关，与单一结构潜水 (J5、J6、J9、J13、J19、J24)、多层结构潜水 (J10) 中水化学指标相关性较弱，表明地下水水位变化对承压水水化学指标有一定影响。在图 6-20 中，J19（单一结构潜水）、J10（多层结构潜水）、J4（承压水）和 J12（承压水）监测井在 2016 年之前地下水水位呈下降趋势，随着水位下降，相对贴近度 C 和综合污染指数 F 呈减小趋势。2016 年后监测井地下水水位下降速率减小或呈回升趋势，相对贴近度 C 和综合污染指数 F 呈波动增加趋势。其中 J10（多层结构潜水）、J4（承压水）

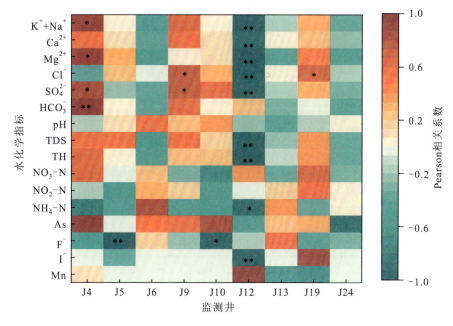

图 6-19 乌-昌-石城市群典型区监测井地下水平均埋深与水化学指标相关性

注：＊＊表示在 0.01 水平上显著相关；＊表示在 0.05 水平上显著相关。

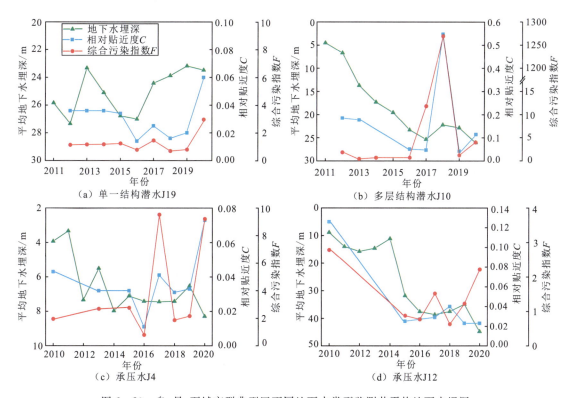

图 6-20 乌-昌-石城市群典型区不同地下水类型监测井平均地下水埋深、
相对贴近度 C 和综合污染指数 F 变化曲线

和 J12（承压水）的 C 值和 F 值变化范围较大，2017 年 J10 监测井中 NO_2-N 和 NH_4-N 含量分别为 10.75 mg/L 和 12.13 mg/L，J4 监测井中 NO_2-N 含量为 0.08 mg/L，这可能与生活、农业生产排放等人类活动有关。

三、土地利用类型变化

土地利用类型的变化一方面改变了地表水循环过程，间接影响浅层地下水的水文过程，另一方面土地利用格局的改变会引起地类间物质和能量转化，包括氮等点源污染的迁移转化，从而影响地下水水质。基于 1980—2018 年遥感影像解译数据，采用冗余分析方法探讨区内土地利用变化对地下水水质的影响。1980—2018 年天山北麓中段土地利用类型分布和面积变化如表 6-6 和图 6-21 所示。

表 6-6 天山北麓中段绿洲带 1980—2018 年土地利用类型面积及占比

年份	项目	耕地	林地	草地	水域	建设用地	盐碱地	沙漠戈壁	其他
1980 年	面积/×10³ km²	10.12	0.97	12.64	0.35	0.75	1.77	1.68	0.88
	占比/%	34.70	3.30	43.40	1.20	2.60	6.00	5.80	3.00
2000 年	面积/×10³ km²	10.76	0.90	11.46	0.44	1.04	2.06	1.70	0.79
	占比/%	36.90	3.10	39.30	1.50	3.60	7.10	5.80	2.70
2010 年	面积/×10³ km²	15.31	0.14	10.41	0.56	1.40	0.02	1.15	0.18
	占比/%	52.50	0.50	35.70	1.90	4.80	0.10	3.90	0.60
2015 年	面积/×10³ km²	15.67	0.14	9.82	0.42	1.74	0.02	1.12	0.23
	占比/%	53.70	0.50	33.70	1.40	6.00	0.10	3.80	0.80
2018 年	面积/×10³ km²	16.45	0.12	9.01	0.51	1.91	0.02	0.97	0.17
	占比/%	56.40	0.40	30.90	1.70	6.50	0.20	3.30	0.60

由表 6-6 和图 6-21 可以看出，在天山北麓中段绿洲带 8 类土地利用类型中，草地和耕地面积占比较大，分别介于 30.90%～43.40%之间和 34.70%～56.40%之间。1980 年耕地、林地、草地、水域、建设用地、盐碱地、沙漠戈壁和其他类型分布面积分别占比 34.70%、3.30%、43.40%、1.20%、2.60%、6.00%、5.80%和 3.00%，到 2018 年各地类分布面积分别占比 56.40%、0.40%、30.90%、1.70%、6.50%、0.20%、3.30%和 0.60%。近 40 年天山北麓中段耕地和建设用地面积整体呈增加趋势；林地、草地、盐碱地、沙漠戈壁和其他面积整体呈减少趋势；水域面积整体基本呈不变趋势。其中，耕地面积增加最多，草地面积减少最多，1980 年耕地面积为 10.12×10^3 km²，草地面积为 12.64×10^3 km²，到 2018 年耕地面积为 16.45×10^3 km²，草地面积为 9.01×10^3 km²，分别为原来的 1.63 倍和 0.71 倍。原来的草地大部分都已转变成耕地，主要是由于城镇化进程加快、人口增加、农业生产要素增长，地势平坦的大量草地被耕地代替，使得耕地面积在区域中的占比逐渐增大。

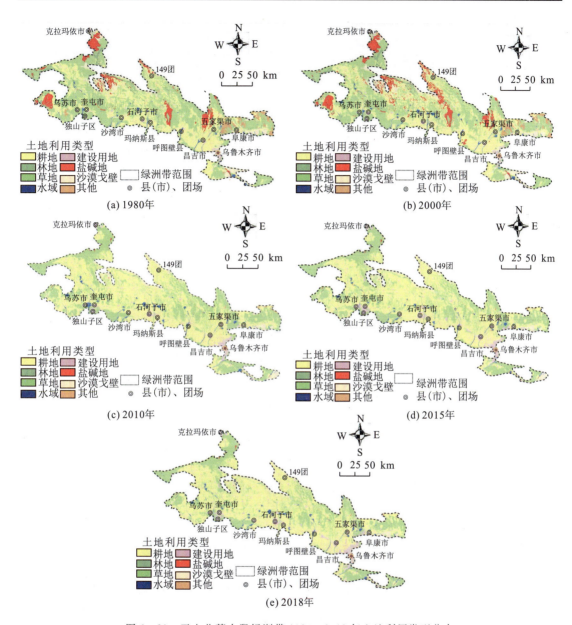

图 6-21 天山北麓中段绿洲带 1980—2018 年土地利用类型分布

借助 ArcGIS 软件中栅格计算器，得到绿洲带 1980—2000 年、2000—2018 年三期土地利用转移矩阵，其可视化结果如图 6-22 所示。从图 6-22 可以看出，近 40 年间天山北麓中段草地、沙漠戈壁、盐碱地和其他类型以转出为主，耕地、建设用地和水域类型以转入为主。

1980—2000 年城市建设初期，各土地利用类型转移幅度和频率较高，草地、盐碱地、林地分别向耕地转移了 $4.71 \times 10^3 \ km^2$、$0.69 \times 10^3 \ km^2$ 和 $0.43 \times 10^3 \ km^2$，盐碱地、耕地、沙漠戈壁和其他分别向草地转移了 $0.99 \times 10^3 \ km^2$、$0.71 \times 10^3 \ km^2$、$0.62 \times 10^3 \ km^2$ 和 $0.58 \times 10^3 \ km^2$，草地、耕地和盐碱地转出率分别为 44.6%、13.4% 和 99.4%。2010—2018

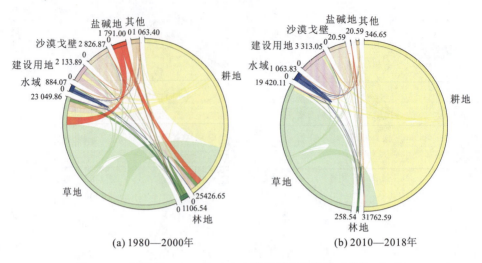

图 6-22 绿洲带 1980~2018 年土地利用变化弦图（单位：km²）

年城市建设快速推进期，土地转移规模较小，草地、建设用地和沙漠戈壁向耕地转移了 $1.61×10^3$ km²、$0.06×10^3$ km² 和 $0.05×10^3$ km²，草地向水域转移了 $0.05×10^3$ km²，耕地和草地分别向建设用地转移 $0.28×10^3$ km² 和 $0.26×10^3$ km²，建设用地和水域类型转入率分别为 30.6% 和 12.5%。随着城市群的建设，城镇化的推进侵占了大量草地与耕地，农业生产水平的提高加速了耕地面积的增加。为满足人们生产生活的需要，大量的水利设施修建完善，扩大了水域面积。

为探究不同时空尺度土地利用类型与水质之间的关系，基于 1982—2018 年地下水水质与 1980—2018 年土地利用类型数据，提取取样点 1000 m 缓冲区面积，采用冗余分析方法探讨土地利用类型对各年份地下水中各化学指标（1980 年和 2000 年土地利用类型分别对应于 1982 年和 2003 年地下水水化学指标）的影响（图 6-23）。

从图 6-23 可以看出，在 1000 m 缓冲区尺度下，耕地与 NH_4-N、建设用地与 NO_3-N 均在各年份之间夹角较小且方向一致，表明二者呈现正相关性，农业生产对地下水 NH_4-N 存在一定影响，NO_3-N 来源于城市污水排放。此外，pH 值与耕地、盐碱地呈现正相关。随着时间变化，各土地利用类型对地下水水化学指标解释率降低，这与提取取样点缓冲区范围有关（Wang et al.，2020），多数监测点附近土地利用类型面积较少，不足以作为影响水质的关键因子，地下水水化学指标迁移和富集受其他影响因素（溶滤作用、地下水开采等）影响较大。

从表 6-7 可以看出，NH_4-N 和 NO_2-N 在耕地中平均含量大多大于草地和建设用地，建设用地中 NO_3-N 的平均含量相对耕地和草地普遍较高，进一步表明地下水中的 NH_4-N 和 NO_2-N 来源于农业生产活动，在生产过程中还对地下水里的 NO_3-N 有一定影响，NO_2-N 和 NO_3-N 来源还可能与硝化作用有关。天山北麓中段不仅是工矿业聚集地，更是重要农业生产基地，农业生产过程中使用的化肥是影响地下水"三氮"含量的重要因素之一。由绿洲带各年份氮肥使用情况（图 6-24）可以看出，2002—2016 年氮肥用量整体呈增加趋势，年平均增长量为 10.11 t，耕地类型中"三氮"的含量相对较高，2016—2018 年氮肥用量整体呈现减少趋势，年平均增长量为 -4.34 t，"三氮"的含量随之减小。

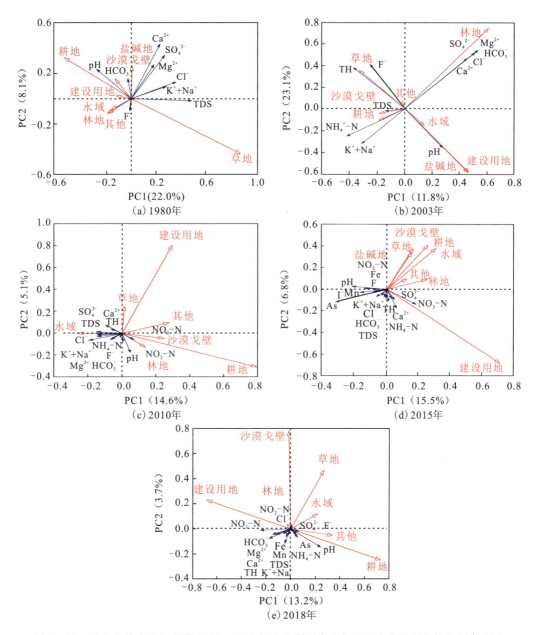

图 6-23 天山北麓中段绿洲带 1980—2018 年土地利用类型与地下水水化学指标的冗余分析

表 6-7 天山北麓中段绿洲带 2003—2018 年不同土地利用类型"三氮"含量统计

年份	土地利用类型	NH_4-N		NO_2-N		NO_3-N	
		范围	平均值	范围	平均值	范围	平均值
2003 年	耕地（$n=4$）	ND.~0.04	0.03	—	—	—	—
	草地（$n=3$）	ND.~0.04	0.03	—	—	—	—
	建设用地（$n=5$）	ND.~0.03	0.02	—	—	—	—

续表 6-7

年份	土地利用类型	NH_4-N		NO_2-N		NO_3-N	
		范围	平均值	范围	平均值	范围	平均值
2010 年	耕地（$n=18$）	0.02~0.03	6.44	ND.~0.02	0.01	0.03~20.84	5.38
	草地（$n=8$）	ND.~0.20	0.04	ND.~0.01	0.01	0.03~3.85	1.31
	建设用地（$n=21$）	ND.~0.83	0.12	ND.~0.09	0.01	ND.~12.98	3.08
2015 年	耕地（$n=156$）	ND.~7.27	0.11	ND.~2.69	0.04	ND.~74.39	2.39
	草地（$n=45$）	ND.~0.23	0.04	ND.~0.03	0.01	ND.~14.83	1.86
	建设用地（$n=106$）	ND.~0.31	0.04	ND.~0.09	0.01	ND.~29.03	3.07
2018 年	耕地（$n=71$）	ND.~0.26	0.04	ND.~0.08	0.01	ND.~25.89	2.14
	草地（$n=17$）	ND.~0.19	0.04	ND.~0.05	0.01	ND.~16.11	2.26
	建设用地（$n=58$）	ND.~0.19	0.04	ND.~0.03	0.01	ND.~17.98	3.48

注：n 为样本数，ND. 为未检出，各组分单位为 mg/L。

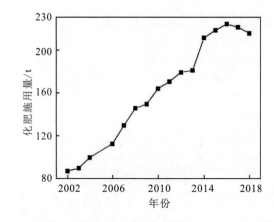

图 6-24 天山北麓中段绿洲带 2002—2018 年氮肥施用量
注：数据来源于《新疆维吾尔自治区统计年鉴（2002—2019）》。

第七章　典型剖面高、低水位期地下水常规指标与砷时空演化特征

地下水流场的改变对地下水水化学指标的分布和演化起到重要作用，尤其是高、低水位期的灌溉活动引起了水力梯度的变化，直接影响砷等微量氧化还原敏感组分迁移转化富集规律，进而影响地下水水质。

本章主要分析典型剖面高、低水位期地下水水化学特征、水质变化。结合地质条件（沉积环境）、赋存环境、水文地球化学作用进一步揭示高、低水位期地下水中砷的演化规律，以期为区域地方病防治提供参考。

第一节　采样点布设

基于天山北麓中段绿洲带 2015—2018 年地下水水质资料，在初步圈定高砷地下水富集区的基础上，于 2021 年高水位期（5 月）和低水位期（8 月）分别沿南北方向和东西方向采集地下水水样 25 组和 23 组。绿洲带高砷地下水分布及典型剖面地下水取样点分布如图 7-1 所示。

取样点 G1、G2 为单一结构潜水，G3、G4 和 G6 为多层结构潜水，其余取样点均为承压水。取样井主要为民用手压井和农田灌溉机井，井深介于 45.0~390.0 m 之间，南北向剖面中地下水取样点位置如图 7-2 所示。

第二节　地下水水化学特征

一、天山北麓绿洲带高砷地下水水化学特征

绿洲带地下水 As 含量介于 ND.~887.00 μg/L 之间，平均值为 11.20 μg/L，Eh 变化范围为 -216.30~480.30 mV，平均值为 99.11 mV。其中，10.0 μg/L<ρ(As)≤50.0 μg/L 的高砷地下水 pH 值介于 7.50~9.43 之间，平均值为 8.66；Eh 平均值为 91.74 mV；TDS 平均值为 509.69 mg/L；水化学类型以 $HCO_3 \cdot SO_4 - Na$（Na·Ca）型 [HS-N (NC) 型] 和 $HCO_3 \cdot SO_4 \cdot Cl - Na$ 型（HSL-N 型）为主（图 7-3）。ρ(As)>50.0 μg/L 的高砷地下水 pH 值介于 7.85~9.30 之间，平均值为 8.67；Eh 平均值为 -3.36 mV；TDS 平均值为 740.94 mg/L；水化学类型以 $HCO_3 \cdot SO_4 - Na$（Na·Ca）型 [HS-N (NC) 型] 为主（图 7-3）。由于溶解度的不同，区域地下水 HCO_3^- 主要存在于

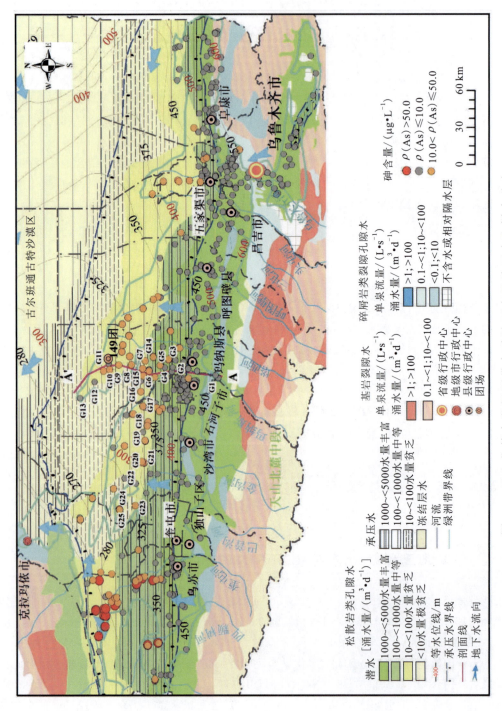

图7-1 天山北麓中段绿洲带高砷地下水及地下水取样点分布

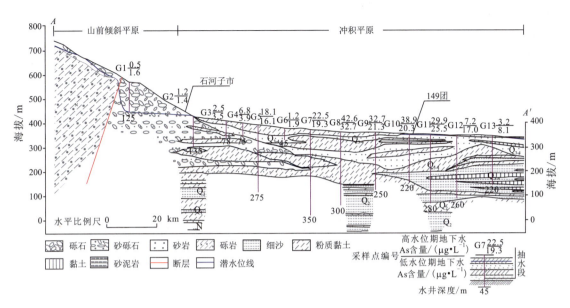

图7-2 南北向剖面中地下水取样点分布

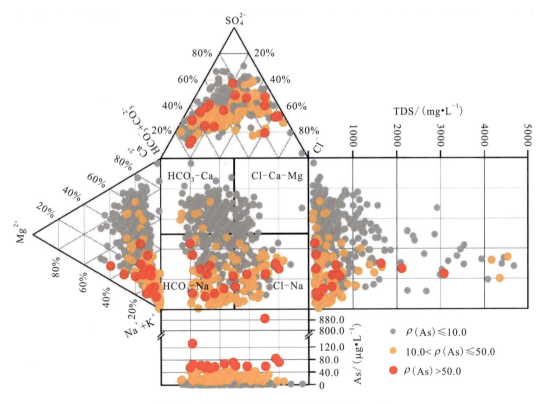

图7-3 基于砷浓度的绿洲带地下水Drove图

TDS<1 000.0 mg/L 的淡水中，HCO_3^- 与矿物表面砷竞争吸附，促进砷的解吸附。在地下水 Eh-pH 稳定场图（图 7-4）中，砷酸盐 As（Ⅴ）是绿洲带地下水砷主要的存在形态，

部分 10.0 μg/L<ρ（As）≤50.0 μg/L 的高砷地下水砷形态为亚砷酸盐 As（Ⅲ）。这表明绿洲带地下水砷主要富集于弱碱性、偏还原环境的淡水中（TDS<1 000.0 mg/L）。

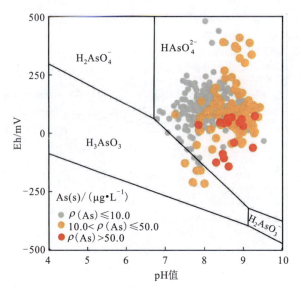

图 7-4　基于砷浓度的绿洲带地下水 Eh-pH 图

二、典型剖面高、低水位期地下水水化学特征

1. 高水位期

典型剖面高水位期（5月）地下水 $\sum$As 含量介于 0.50～42.55 μg/L 之间，砷形态以 As（Ⅴ）为主（表 7-1）。pH 值变化范围为 7.57～9.15，平均值为 8.54；Eh 变化范围为 30.05～480.30 mV，平均值为 285.60 mV；TDS 含量介于 164.55～3 028.36 mg/L 之间，平均值为 736.00 mg/L。主要阳离子含量顺序为 $K^++Na^+>Ca^{2+}>Mg^{2+}$，主要阴离子含量顺序为 $SO_4^{2-}>HCO_3^->Cl^-$。

在 25 组地下水中，除 G21 外其余样品均为 As（Ⅴ），除 G4、G5 和 G11 外其余样品 TFe 均未检出，高砷地下水 [ρ（As）>10.0 μg/L] 存在于承压含水层中，砷平均含量为 25.40 μg/L，pH 值介于 8.20～9.15 之间，Eh 变化范围为 30.05～319.00 mV，TDS 介于 164.55～1 474.70 mg/L 之间，水化学类型以 HCO_3 型（H 型）、$HCO_3\cdot SO_4$ 型（HS 型）为主。相对低砷地下水（表 7-2），高砷地下水 PO_4^{3-}（变化范围为 0.04～0.35 mg/L）、硫化物（变化范围为 2.00～72.00 μg/L）平均含量较高，而 TDS（介于 164.55～1 474.70 mg/L 之间）、DIC（介于 13.54～29.33 mg/L 之间）、DOC（介于 0.29～1.80 mg/L 之间）、HCO_3^-（介于 85.46～163.60 mg/L 之间）和 NO_3-N（介于 ND.～1.10 mg/L 之间）等组分平均含量均较低。

2. 低水位期

低水位期（8月）地下水 $\sum$As 含量介于 1.38～32.65 μg/L 之间，As（Ⅲ）和 As（Ⅴ）

含量范围分别为 ND.~2.26 μg/L 和 ND.~32.08 μg/L（表 7-3）。pH 变化范围为 7.36~9.27，平均值为 8.44；Eh 变化范围为 20.70~191.85 mV，平均值为 92.08 mV；TDS 含量介于 174.49~2 158.84 mg/L 之间，平均值为 643.23 mg/L。主要阳离子含量顺序为 $K^+ + Na^+ > Ca^{2+} > Mg^{2+}$，主要阴离子含量顺序为 $SO_4^{2-} > HCO_3^- > Cl^-$。

表 7-1 高水位期地下水水化学指标含量统计

地下水水化学指标	单一结构潜水（$n=2$）		多层结构潜水（$n=3$）		承压水（$n=20$）	
	范围	平均值	范围	平均值	范围	平均值
∑As	0.50~1.24	0.87	1.24~6.80	3.52	2.76~42.55	22.22
As（Ⅲ）	ND.	ND.	ND.	ND.	ND.~14.08	0.70
As（V）	0.50~1.24	0.87	1.24~6.80	3.52	2.76~42.55	22.22
$K^+ + Na^+$	84.50~137.69	111.10	37.84~815.11	349.94	51.15~745.23	200.94
Ca^{2+}	27.70~168.91	98.33	20.91~184.19	119.31	3.62~104.56	26.08
Mg^{2+}	5.12~31.71	18.42	14.15~63.42	44.56	0.24~43.91	8.29
Cl^-	35.45~147.47	91.46	16.31~425.40	244.61	14.18~454.47	138.82
SO_4^{2-}	66.89~422.00	244.39	56.97~1 255.47	598.85	22.84~661.23	163.83
HCO_3^-	170.00~218.54	194.12	108.66~540.85	258.42	85.46~629.98	144.13
pH	7.94~8.20	8.07	7.57~8.19	7.93	8.19~9.15	8.67
TDS	316.00~1 029.34	672.65	220.71~3 028.36	1 498.89	164.55~2 237.01	627.77
TH	90.38~552.31	321.34	110.46~721.02	481.35	13.05~348.46	99.27
NO_3-N	1.21~3.56	2.38	0.47~0.79	0.59	ND.~21.14	1.79
NO_2-N	ND.~0.03	0.02	ND.~0.02	0.07	ND.~0.03	0.01
NH_4-N	0.01~0.09	0.05	0.01~0.45	0.23	0.01~0.30	0.05
F^-	0.19~0.25	0.22	0.20~0.31	0.26	0.40~9.97	2.88
I^-	ND.	ND.	ND.~140.00	53.33	ND.~223.63	82.32
TFe	ND.	ND.	ND.~0.27	0.10	ND.~0.07	0.02
DO	2.85~2.96	2.91	0.90~2.81	1.61	0.35~4.52	1.85
Eh	436.10~480.30	458.20	108.10~384.50	246.53	30.05~319.00	147.08
DIC	26.76~39.64	33.20	18.00~111.08	50.29	13.54~120.17	24.69
DOC	0.37~0.42	0.40	0.85~1.76	1.15	0.29~1.80	0.82
PO_4^{3-}	0.04~0.31	0.17	ND.~0.07	0.05	ND.~0.35	0.17
硫化物	10.00~66.00	38.00	4.00~17.00	9.00	2.00~72.00	18.45

注：ND. 表示未检出；n 为样本数；pH 为无量量纲，∑As、As（Ⅲ）、As（V）、I^- 和硫化物单位为 μg/L，Eh 单位为 mV，其余为 mg/L。

表 7-2 高水位期高砷与低砷地下水水化学指标含量对比

组分	高砷地下水（$n=17$）		低砷地下水（$n=8$）	
	范围	平均值	范围	平均值
ΣAs	12.50～42.60	25.40	0.50～7.21	3.19
As（Ⅲ）	ND.～14.80	0.90	ND.	ND.
As（Ⅴ）	12.50～42.30	24.50	0.50～7.21	3.18
pH	8.20～9.15	8.70	7.57～8.39	8.10
DO	0.35～4.52	1.97	0.63～2.96	1.77
Eh	30.05～319.00	160.2	33.30～480.30	255.40
TDS	164.55～1 474.70	484.9	220.70～3 028.36	1 130.9
DIC	13.54～29.33	19.81	15.28～120.17	36.32
DOC	0.29～1.80	0.79	0.37～1.76	0.84
PO_4^{3-}	0.04～0.35	0.17	0.04～0.31	0.09
HCO_3^-	85.46～163.60	117.59	101.33～629.98	275.92
NO_3-N	ND.～1.10	0.13	2.08～21.14	4.77
硫化物	2.00～72.00	20.00	4.00～66.00	16.50
TFe	ND.～0.07	0.06	ND.～0.27	0.27

注：ND. 表示未检出；n 为样本数；pH 为无量纲，ΣAs、As（Ⅲ）、As（Ⅴ）和硫化物单位为 μg/L，Eh 单位为 mV，其余为 mg/L。

低水位期 23 组地下水样 TFe 均未检出（表 7-4），高砷地下水 [ρ（As）>10.0 μg/L] 存在于承压含水层，ΣAs 平均含量为 20.94 μg/L；As（Ⅴ）平均含量为 20.60 μg/L；As（Ⅲ）平均含量为 0.34 μg/L。高砷地下水 pH 值介于 8.15～9.27 之间，Eh 变化范围为 20.70～191.85 mV，TDS 介于 174.49～1 207.25 mg/L 之间，水化学类型以 HCO_3·Cl 型（H·L 型）、HCO_3 型（H 型）为主。相对低砷地下水（表 7-4），高砷地下水中除 pH 值较高外，TDS、DIC（介于 12.41～28.12 mg/L 之间）、DOC（介于 0.38～1.52 mg/L 之间）、PO_4^{3-}（变化范围为 0.07～0.40 mg/L）、HCO_3^-（介于 95.23～173.37 mg/L 之间）、NO_3-N（变化范围为 ND.～0.80 mg/L）和硫化物（变化范围为 1.00～34.00 μg/L）等组分平均含量均较低。

研究区南部山区广泛分布赤铁矿、黄铁矿等原生矿物，在还原环境中，铁的氧化物被还原，吸附在表面的砷化合物随之进入地下水中（洪里，1983）。但高水位期与低水位期高砷地下水中 Fe 含量均较低，这可能与还原环境中 Fe^{2+} 优先地下水中 HCO_3^- 生成菱铁矿沉淀有关，同时也表明该区地下水中 As 存在其他方式的输入。低水位期高砷地下水相对于高水位期高砷地下水中 ΣAs、DO、Eh、TDS 和硫化物等组分平均含量低，表明地下水砷可能来源于砷的硫化物，TDS、DIC、DOC 和 NO_3-N 等组分是影响地下水砷迁移富集的重要指标。

表 7-3　低水位期地下水水化学指标含量统计

地下水水化学组分	单一结构潜水（$n=2$）		多层结构潜水（$n=3$）		承压水（$n=18$）	
	范围	平均值	范围	平均值	范围	平均值
ΣAs	1.38～1.56	1.47	1.87～3.72	3.04	1.67～32.65	19.16
As(Ⅲ)	ND.	ND.	ND.～0.39	0.13	ND.～2.26	0.28
As(Ⅴ)	1.38～1.56	1.47	1.87～3.33	2.91	7.42～32.08	19.82
$K^+ + Na^+$	24.6～88.36	56.48	40.22～415.24	244.91	50.72～697.47	184.88
Ca^{2+}	28.10～43.75	35.93	34.52～232.39	138.47	4.01～115.99	23.48
Mg^{2+}	5.60～7.06	6.33	4.14～104.19	49.90	0.49～52.83	8.39
Cl^-	14.18～40.41	27.30	21.27～570.75	302.04	14.18～345.99	118.32
SO_4^{2-}	57.43～63.00	60.37	31.55～726.27	464.08	15.30～651.00	141.30
HCO_3^-	109.88～181.91	145.90	122.09～211.21	159.53	95.23～645.85	160.95
pH	7.36～7.77	7.57	7.38～7.77	7.57	8.03～9.27	8.68
TDS	215.85～333.05	1 762.87	216.19～1 893.79	1 290.95	174.49～2 158.84	576.25
TH	103.23～1 009.22	541.19	103.23～1 009.22	551.21	16.04～370.81	93.15
NO_3-N	0.78～0.91	0.84	0.05～0.26	0.18	ND.～6.26	0.48
NO_2-N	ND.～0.02	0.01	0.01	0.01	ND.～0.02	0.01
NH_4-N	0.01～0.14	0.08	0.03～0.23	0.10	ND.～0.12	0.04
F^-	0.06～0.26	0.16	0.26～0.35	0.30	0.41～8.02	2.44
I^-	ND.～52.00	36.00	ND.～96.00	56.00	20.00～218.00	71.78
TFe	ND.	ND.	ND.	ND.	ND.	ND.
DO	0.79～0.89	0.84	0.78～1.08	0.95	0.11～0.67	0.37
Eh	139.8～154.90	147.33	35.50～131.45	95.48	20.70～191.85	85.37
DIC	14.96～27.30	21.13	18.34～27.18	22.46	12.41～123.44	25.26
DOC	0.66～1.27	0.97	0.67～1.28	0.91	0.26～1.52	0.66
PO_4^{3-}	ND.～5.47	2.75	ND.	ND.	ND.～0.40	0.19
硫化物	18.00～51.00	34.50	11.00～27.00	20.00	1.00～34.00	18.61

注：ND. 表示未检出；n 为样本数；pH 为无量纲，ΣAs、As(Ⅲ)、As(Ⅴ)、I^- 和硫化物单位为 μg/L，Eh 单位为 mV，其余为 mg/L。

研究区地下水主要为偏碱性环境，水中碳酸盐以 HCO_3^- 形式存在，重碳酸能够使吸附在沉积物表面的 As 活化，促进含砷矿物溶解，但在高浓度重碳酸中，亚砷酸盐易与方解石发生共沉淀、砷的硫化物可能与 HCO_3^- 生成 $As-CO_3^{2-}$ 复合物，水中 As 含量降低，低砷地下水中 HCO_3^- 含量相对较高，而 HCO_3^- 含量受 TDS 影响。NO_3-N 作为氧化环境的代表组分，地下水中硝酸盐含量高时，As 的含量较低，这主要是由于氧化环境中的铁和硫化物未被还原，吸附在其表面的砷化合物没有被释放。

表 7-4　低水位期高砷与低砷地下水水化学指标含量对比

组分	高砷地下水（$n=16$）		低砷地下水（$n=7$）	
	范围	平均值	范围	平均值
ΣAs	13.96~32.65	20.94	1.38~8.08	3.14
As（Ⅲ）	ND.~2.26	0.34	ND.~0.66	0.15
As（Ⅴ）	13.96~32.08	20.60	1.38~7.42	2.966 5
pH	8.15~9.27	8.75	7.36~8.11	7.71
DO	0.11~0.67	0.37	0.22~1.08	0.74
Eh	20.70~191.85	88.73	35.50~154.85	99.70
TDS	174.49~1 207.25	443.47	215.85~2 158.84	1 099.83
DIC	12.41~28.12	19.40	14.96~123.44	36.29
DOC	0.38~1.52	0.65	0.26~1.29	0.89
PO_4^{3-}	0.07~0.40	0.20	ND.~5.47	0.82
HCO_3^-	95.23~173.37	133.08	109.88~645.85	219.76
NO_3-N	ND.~0.80	0.13	0.05~6.26	1.35
硫化物	1.00~34.00	17.56	11.00~51.00	26.14
TFe	ND.	ND.	ND.	ND.

注：ND. 表示未检出；n 为样本数；pH 为无量纲，ΣAs、As（Ⅲ）、As（Ⅴ）和硫化物单位为 $\mu g/L$，Eh 单位为 mV，其余为 mg/L。

第三节　氢氧稳定同位素特征

高水位期采集南北-东西剖面稳定氢氧同位素 25 组，低水位期采集南北剖面稳定氢氧同位素 12 组（G1、G3~G13）。

典型剖面高水位期地下水 δD 和 $\delta^{18}O$ 值变化范围分别介于 $-86.82‰ \sim -54.19‰$ 和 $-12.51‰ \sim -7.46‰$ 之间，平均值分别为 $-75.32‰$ 和 $-11.04‰$。单一结构潜水 δD 和 $\delta^{18}O$ 平均值分别为 $-70.29‰$ 和 $-10.51‰$，多层结构潜水 δD 和 $\delta^{18}O$ 平均值分别为 $-67.53‰$ 和 $-10.15‰$，承压水 δD 和 $\delta^{18}O$ 平均值分别为 $-76.99‰$ 和 $-11.22‰$。高砷地下水 δD 和 $\delta^{18}O$ 平均值分别为 $-77.96‰$ 和 $-11.40‰$，低砷地下水 δD 和 $\delta^{18}O$ 平均值分别为 $-69.70‰$ 和

−10.27‰。

低水位期地下水 δD 和 δ¹⁸O 值变化范围分别为−87.59‰～−65.23‰和−14.28‰～−11.41‰，平均值分别为−79.03‰和−12.87‰。单一结构潜水 G1 中 δD 和 δ¹⁸O 值分别为−84.09‰和−13.89‰，多层结构潜水 δD 和 δ¹⁸O 平均值分别为−79.84‰和−13.40‰，承压水 δD 和 δ¹⁸O 平均值分别为−78.09‰和−12.54‰。高砷地下水 δD 和 δ¹⁸O 平均值分别为−77.93‰和−12.37‰，低砷地下水 δD 和 δ¹⁸O 平均值分别为−77.76‰和−13.57‰。

在典型剖面高低水位期 δD-δ¹⁸O 关系图（图 7-5）中，高水位期不同类型地下水水样点均落在研究区大气降水线附近［图 7-5（a）］，表明研究区潜水和承压水来源于大气降水补给。绿洲带多层结构潜水整体受到蒸发浓缩作用的影响较单一结构潜水和承压水强，在地下水开采的影响下，受蒸发作用的潜水越流补给承压水，导致承压水（G13）偏离大气降水线。低水位期 δD 和 δ¹⁸O 值相对于高水位期较小［图 7-5（b）］；单一结构潜水 G1，多层结构潜水 G3、G4 和 G5，承压水 G6、G7 和 G13 偏离大气降水线，δD 和 δ¹⁸O 值偏向左下方移动。在氢氧同位素交换"十三线图"中，将此现象归为冷凝作用（Pang et al.，2017）。低水位期地下水水位下降，地下水主要接受高山融雪的补给，在融雪的过程中气温较低，受云下二次蒸发作用影响，同位素分馏作用减弱，δD 和 δ¹⁸O 贫于高水位期，该现象主要体现在单一结构潜水和多层结构潜水含水层中。

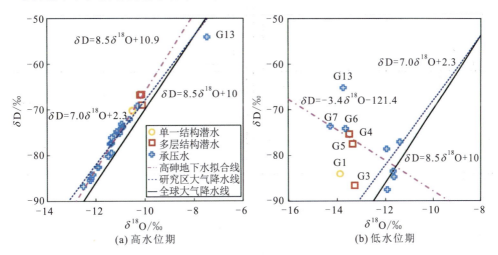

图 7-5　典型剖面高、低水位期地下水 δD 和 δ¹⁸O 的关系

第四节　高、低水位期地下水水化学指标空间分布

一、地下水砷含量水平分布特征

研究区灌溉期主要为每年的 5—8 月，地下水取样时间分别为灌溉初期（5 月上旬，高水位期）和灌溉结束期（8 月下旬，低水位期）。灌溉初期，地下水持续大量开采促进地下水循环，加速了含砷矿物的溶滤作用，水中砷含量较高，高砷地下水主要分布于冲积平原地

下水埋深介于 20.0～40.0 m 的区域中 [图 7-6 (a)]。灌溉结束期，地下水水位相对于灌溉初期下降-0.07～34.7 m，地下水水位下降区主要位于冲积平原 149 团西南部。随着灌溉结束，地下水开采逐渐减弱，地下水水位逐步回升，地下水循环能力和水岩相互作用减弱，砷与各组分含量相对高水位期较低。砷含量降低区域主要为地下水水位下降的区域 [图 7-6 (b)]，低水位期高砷地下水主要分布于冲积平原地下水埋深为 40.0～60.0 m 的区域。

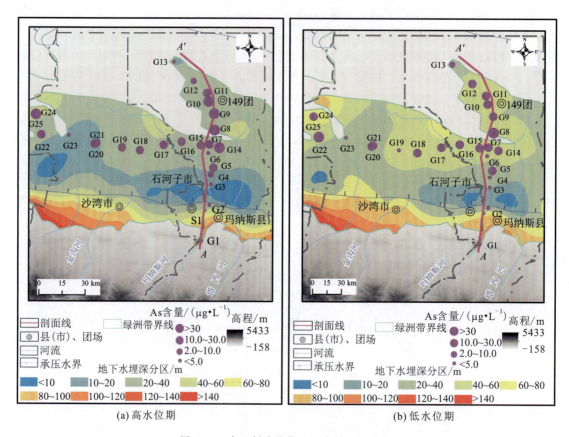

(a) 高水位期　　　　　　　　　　(b) 低水位期

图 7-6　高、低水位期地下水砷空间分布

二、沿地下水流向各组分含量变化特征

由高水位期典型剖面地下水砷与各组分含量沿程变化（图 7-7）可以看出，沿地下水流向（G1→G13），从山前倾斜平原到冲积平原，ΣAs 含量呈先增大后减小趋势，在沙漠边缘，地下水 As 下降至 3.20 μg/L（G13）。在冲积平原，$\delta^{18}O$ 沿地下水流向整体呈"增—减—增"的变化趋势。pH、DO、TDS、DIC、DOC、PO_4^{3-}、HCO_3^-、NO_3-N 和硫化物沿地下水流向呈现波动变化，Eh 沿地下水流向呈减小趋势。地下水水化学类型由山前倾斜平原的 $HCO_3 \cdot SO_4$ 型（G1）转为冲积平原的 $SO_4 \cdot Cl$ 型（G4），到沙漠边缘水化学类型为 $SO_4 \cdot Cl \cdot HCO_3$ 型（G13）。

由低水位期典型剖面地下水砷与各组分含量沿程变化（图 7-8）可以看出，沿地下水流向（G1→G13），从山前倾斜平原到冲积平原，ΣAs、DO 和 PO_4^{3-} 含量整体呈"增—减"

第七章 典型剖面高、低水位期地下水常规指标与砷时空演化特征

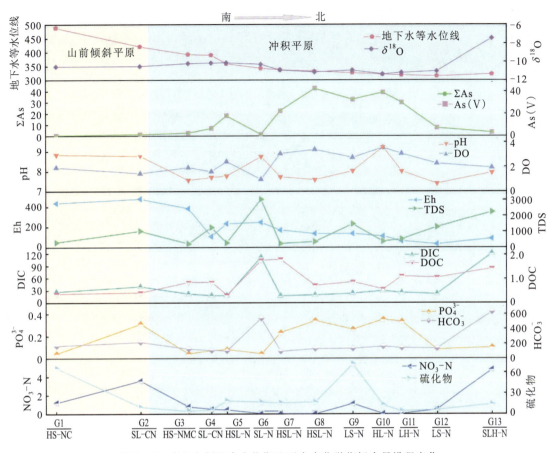

图 7-7 南北向剖面高水位期地下水水化学指标含量沿程变化

注：地下水等水位线单位为 m，pH 为无量量纲，ΣAs、As（V）和硫化物单位为 $\mu g/L$，Eh 单位为 mV，其余组分单位为 mg/L；$\dfrac{G1}{HS-NC}$ 为 $\dfrac{编号}{水化学类型}$，水化学类型中 H、S、L、C、M 和 N 分别表示 HCO_3、SO_4、Cl、Ca、Mg 和 Na。

趋势。地下水 G1、G3~G7 和 G13 的 $\delta^{18}O$ 值较 G8~G12 的小，沿地下水流向 $\delta^{18}O$ 整体呈"增—减"的变化趋势。地下水中 pH、TDS、DIC、DOC、HCO_3^-、NO_3-N 和硫化物沿地下水流向变化趋势不明显，但在沙漠边缘 TDS、DIC、DOC、HCO_3^- 和 NO_3-N 含量急剧增大。地下水水化学类型由山前倾斜平原的 HCO_3 型（G1）转为冲积平原的 Cl·SO_4 型（G4），到沙漠边缘水化学类型为 SO_4·Cl·HCO_3 型（G13）。南北向典型剖面高水位期（5月）砷与各组分含量相对于低水位期（8月）沿程波动变化较大。

第五节　高、低水位期地下水水质评价与变化规律

典型剖面高水位期（5月）地下水质量单因子评价结果（表 7-5）显示 25 组地下水水样中 Ⅱ、Ⅳ 和 Ⅴ 类分别占比 8.0%、40.0% 和 52.0%，影响水质质量的主要指标为 pH、As 和 F^-，超标率分别为 64.0%、68.0% 和 52.0%。熵权-TOPSIS 综合评价结果得到高水位

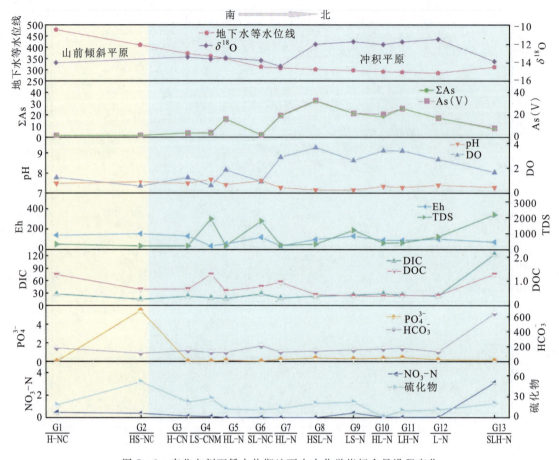

图 7-8 南北向剖面低水位期地下水水化学指标含量沿程变化

注：地下水等水位线单位为 m，pH 为无量纲，ΣAs、As（V）和硫化物单位为 μg/L，Eh 单位为 mV，其余组分单位为 mg/L；$\dfrac{G1}{HS-NC}$ 为 $\dfrac{编号}{水化学类型}$，水化学类型中 H、S、L、C、M 和 N 分别表示 HCO_3、SO_4、Cl、Ca、Mg 和 Na。

期各监测井Ⅰ类～Ⅳ类地下水质量类别相对贴近度（C 值）分别为 0.043、0.101、0.326 和 0.884。典型剖面Ⅰ类～Ⅲ类地下水分别占比 32.0%、52.0% 和 16.0%，地下水污染等级为轻度污染、中度污染和较重污染样本点分别占比 80.0%、12.0% 和 8.0%。承压水水质相对单一结构潜水和多层结构潜水差。

低水位期（8 月）地下水质量单因子评价结果（表 7-5）显示 23 组地下水水样中Ⅱ类～Ⅴ类分别占比 8.7%、4.3%、52.2% 和 34.8%，影响水质质量的主要指标为 pH、As 和 F^-，超标率分别为 56.5%、65.2% 和 44.0%。熵权-TOPSIS 综合评价结果显示低水位期各监测井Ⅰ类～Ⅳ类地下水质量类别相对贴近度（C 值）分别为 0.038、0.089、0.302 和 0.919。典型剖面Ⅰ类～Ⅲ类地下水分别占比 56.5%、26.1% 和 17.4%。地下水中未污染、轻度污染和严重污染样本点分别占比 26.1%、69.6% 和 4.3%。

由高、低水位期 23 眼监测井地下水水质变化趋势（表 7-5）可以看出，地下水水质变好（低水位期优于高水位期）、不变和变差（高水位期优于低水位期）监测井分别为 12 眼、10 眼和 1 眼，分别占比 52.2%、43.5% 和 4.3%。其中，2 眼单一结构潜水监测井水质变好

表7-5 典型剖面高低水位期地下水水质变化趋势

地下水类型	监测井编号	监测井位置	高水位期（5月） 单因子评价/类	综合评价（C）	综合污染指数（F）	低水位期（8月） 单因子评价/类	综合评价（C）	综合污染指数（F）	水质变化趋势
单一结构潜水	G1	旱卡子滩哈萨克族乡十户窑子	Ⅱ	0.028	1.35	Ⅱ	0.016	1.18	→
	G2	兰州湾镇二道树三村	Ⅴ	0.090	1.90	Ⅲ	0.031	1.77	↑
多层结构潜水	G3	兰州湾镇锦水湾村	Ⅱ	0.021	1.79	Ⅱ	0.012	0.68	↑
	G4	农六师新湖农场新原社区	Ⅴ	0.146	5.20	Ⅴ	0.135	2.76	↑
	G5	农六师新湖农场147团公路	Ⅳ	0.156	1.14	Ⅳ	0.098	0.73	↑
承压水	G6	六户地镇六户地村	Ⅴ	0.026	2.28	Ⅴ	0.016	1.49	→
	G7	六户地镇杨家道村	Ⅳ	0.023	0.94	Ⅳ	0.020	0.99	→
	G8	148团驿屯线	Ⅳ	0.045	1.73	Ⅳ	0.029	1.36	↑
	G9	149团夏莫线路旁	Ⅴ	0.094	4.52	Ⅳ	0.068	3.32	↑
	G10	149团八连通达路旁	Ⅳ	0.044	1.59	Ⅳ	0.027	1.28	↑
	G11	150团10连	Ⅳ	0.046	1.58	Ⅳ	0.034	1.41	→
	G12	150团西小线道路旁	Ⅴ	0.074	4.08	Ⅳ	0.042	2.46	↑
	G13	150团北沙窝	Ⅴ	0.125	7.92	Ⅴ	0.121	10.22	↓
	G14	六户地镇红柳坑村	Ⅳ	0.035	1.42	Ⅳ	0.020	0.99	↑
	G15	六户地镇鸭洼坑村	Ⅳ	0.066	3.96	Ⅳ	0.015	0.76	↑
	G16	147团20连	Ⅳ	0.023	1.46	Ⅳ	0.026	1.61	→
	G17	柳毛湾镇黄渠庙村	Ⅳ	0.014	1.45	Ⅳ	0.014	0.73	↑
	G18	老沙湾镇包家庄	Ⅳ	0.028	3.93	Ⅳ	0.015	1.00	→
	G19	122团12连	Ⅴ	0.083	3.70	—	—	—	
	G20	134团团场	Ⅴ	0.068	3.77	Ⅴ	0.060	3.46	→
	G21	134团团场	Ⅴ	0.067	3.48	Ⅴ	0.055	3.06	→
	G22	134团16连	Ⅴ	0.113	6.01	Ⅴ	0.102	4.94	↑
	G23	134团16连	Ⅴ	0.073	2.99	Ⅴ	0.058	2.87	→
	G24	132团16连	Ⅴ	0.086	4.67	Ⅴ	0.088	4.54	→
	G25	132团8连	Ⅴ	0.091	5.03	—	—	—	

注："↑"、"↓"和"→"分别表示地下水水质变好、变差和不变趋势。

1眼，不变1眼；多层结构潜水3眼水质均呈变好趋势；20眼承压水中水质变好、不变和变差分别为8眼、9眼和1眼。其中，水质变差为沙漠边缘的G13，影响水质变差的主要指标为K^++Na^+、Cl^-、SO_4^{2-}、TDS、NO_2-N和I^-。

整体来看，典型剖面承压水水质较单一结构潜水和多层结构潜水差，低水位期地下水水质相对高水位期较好，但pH、As和F⁻等组分仍超标严重且个别取样点（G4、G7、G8、G13、G14和G15）低水位期存在As（Ⅲ）。

第六节 典型剖面地下水砷富集成因

一、地质条件

区域地质条件、构造与沉积环境是影响地下水砷富集的重要外部条件。准噶尔盆地形成于石炭纪中晚期，经历了海西、印支、燕山等多期构造演化，盆地内部在造山期运动影响下，形成以北西、北西西向展布为主的陆梁隆起带和中央坳陷带构造格局。自新近纪以来，由于强烈隆升，盆地沉积速度和幅度不断增加，沉降中心向西迁移，在南缘沉积了厚2~3 km的粗碎屑沉积物，第四系成因类型主要为冲积、洪冲积（况军，2005）。从图7-9可以看出，高砷地下水主要分布于绿洲带东部和西部河流附近冲积物以及中部的洪冲积物中，岩性由亚砂土、亚黏土和黏土组成，黏土中砷含量高达25.79 mg/kg。受河流冲蚀切割的影响，局部形成多个径流通道，河流生物残体沉积为黏土层提供了丰富的有机质，微生物

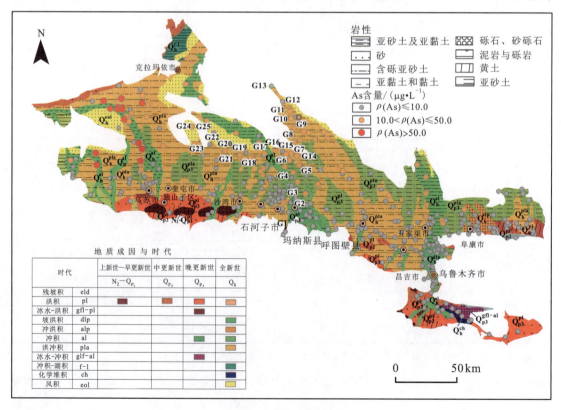

图7-9 研究区第四纪地质图

在有机质降解过程促进了吸附态砷的释放（Wallis et al.，2020）。

天山北麓中段绿洲带位于中央凹陷区，南界为山前冲断带，北界为陆梁隆起，东西界为隆起，地下水从绿洲带山前向盆地中心径流过程中受到陆梁隆起的阻挡，地下水流场向西偏移，到绿洲边缘径流变缓，地下水砷富集，整体形成了地下水砷的溶滤→迁移→富集的分带特征。$\gamma Ca^{2+}/\gamma Cl^-$ 大小是表征地下水动力特点的重要参数。由南北剖面地下水 As 与 $\gamma Ca^{2+}/\gamma Cl^-$ 的关系可以看出（图 7-10），As 含量随 $\gamma Ca^{2+}/\gamma Cl^-$ 比值减小而增大，说明承压水径流条件相对潜水较差，更有利于 As 的富集。从山前倾斜平原到冲积平原，含水层岩性由卵石、砾石逐渐转变为砂、黏土，水力坡度由 2.6‰～5.3‰ 转变为 1.4‰～1.6‰。由此表明平缓的地势、细粒岩性、相对较弱的水动力条件均有利于地下水砷的富集。高水位期相对于低水位期，As 含量与 $\gamma Ca^{2+}/\gamma Cl^-$ 关系拟合效果好，直线斜率大，也进一步说明高水位期径流条件较低水位期好。

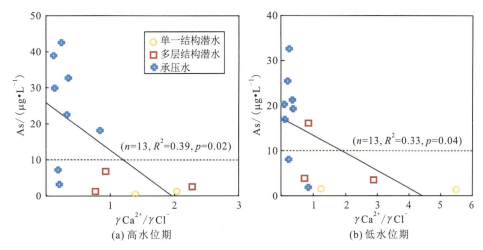

图 7-10 南北剖面高、低水位期地下水 As 与 $\gamma Ca^{2+}/\gamma Cl^-$ 的关系

注：实线表示样本点拟合线，虚线表示《地下水质量标准》（GB/T 14848—2017）中 As Ⅲ类标准限值。

二、溶滤作用

矿物饱和指数（SI）能够表征各矿物在地下水中的溶解平衡状态（高宏斌等，2017）。采用 PHREEQC 软件分别对高低水位期 25 组和 23 组地下水样中砷化物含量和主要矿物相进行计算，结果分别如图 7-11 和图 7-12 所示。

高水位期地下水砷的主要形态为 $HASO_4^{2-}$，含量介于 0.47～42.01 μg/L 之间，仅 G25 样本点中存在 H_3AsO_3。在矿物相饱和指数中［图 7-11（b）］，方解石和白云石主要处于溶解平衡状态（SI 介于 -0.5～0.5 之间），石膏、岩盐、雌黄（As_2S_3）和雄黄（AsS）处于溶解状态。水岩相互作用下，雌黄、雄黄生成 H_3AsO_3，而碱性弱氧化或氧化环境中以 $HASO_4^{2-}$ 存在。

低水位期地下水砷的主要形态为 $HASO_4^{2-}$ 和 H_3AsO_3，含量分别介于 0.65～31.73 μg/L 和 0.29～1.26 μg/L 之间。在地下水压采工作大力推进过程中，对部分机井

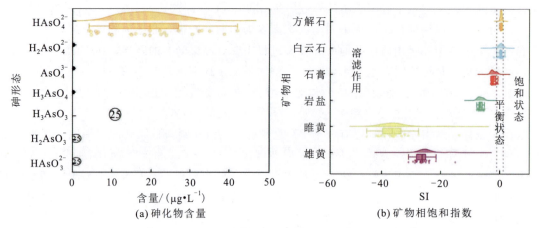

图 7-11 高水位期地下水中砷化物含量和主要矿物相的饱和指数（SI）

注：实线表示样本点拟合线，虚线表示《地下水质量标准》（GB/T 14848—2017）中 As Ⅲ类标准限值。

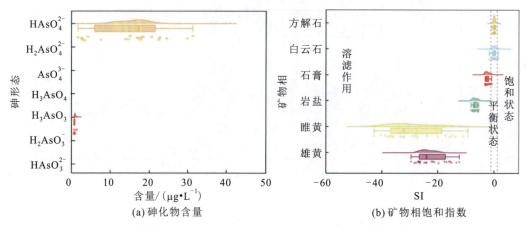

图 7-12 低水位期地下水中砷化物含量和主要矿物相的饱和指数（SI）

注：实线表示样本点拟合线，虚线表示《地下水质量标准》（GB/T 14848—2017）中 As Ⅲ类标准限值。

（G19 和 G25）进行了封填，低水位期 H_3AsO_3 存在于 G4、G7、G8、G10、G13、G14 和 G15 机井中。在矿物相饱和指数中 [图 7-12（b）]，方解石和白云石主要处于溶解平衡状态（SI 介于 -0.5~0.5 之间），石膏、岩盐、雌黄和雄黄处于溶解状态。与高水位期相比，低水位期 As_2S_3 和 AsS 的溶解程度减小，SI 平均值分别为 -28.42 和 -22.34。雌黄、雄黄溶滤生成 H_3AsO_3，偏还原环境（7 组样本点 Eh 介于 35.5~97.5 mV 之间，平均值为 73.92 mV）的地下水中存在 H_3AsO_3。

三、地下水中的有机质

DIC 和 DOC 能够指示微生物对有机质的降解过程。地下水中 DOC 通常由腐殖质、有机酸和蛋白质、微生物代谢的产物组成，天然状态下一般低于 2.00 mg/L（均值为 0.70 mg/L）（曹文庚等，2020）。

高水位期地下水中 DOC 介于 0.29~1.80 mg/L 之间，均值为 0.83 mg/L

[图 7 - 13（a）]，远低于河套平原（12.00 mg/L）、银川平原（6.00 mg/L）和大同盆地（5.00 mg/L）等地高砷地下水中 DOC 含量。研究表明地下水 As 迁移富集不仅取决于有机质含量，还与有机质种类、碳链长度和奇偶效应有关（郭华明，2014），高砷地下水中 As 与 DOC 表现出无相关性（$p>0.1$）[图 7 - 13（a）]。地下水中 DIC 范围介于 13.54～120.17 mg/L 之间，均值为 28.45 mg/L，高砷地下水中 As 与 DIC 呈较好的正相关（$p<0.1$）[图 7 - 13（b）]。有机质降解会产生大量 DIC，但高砷地下水中 DIC 与 DOC 表现相关性较差（$p>0.1$）[图 7 - 13（c）]，而与 HCO_3^- 呈较好的正相关（$p<0.01$）[图 7 - 13（d）]，表明地下水中 DIC 主要来源于碳酸盐岩等矿物的溶解，HCO_3^- 促进了地下水砷的富集。

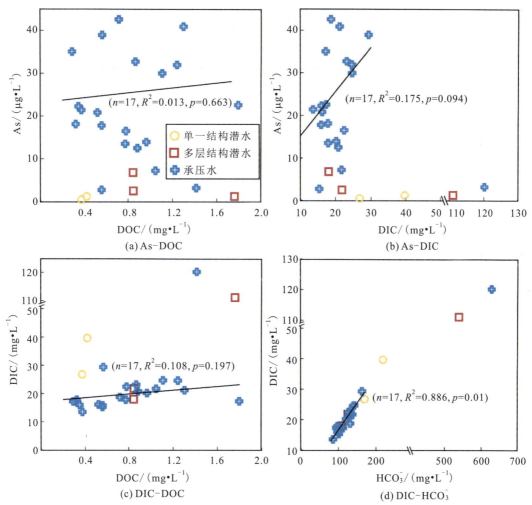

图 7 - 13　高水位期地下水 As 与 DOC、DIC 的关系及 DIC 与 DOC、HCO_3^- 的关系

低水位期地下水 DOC 介于 0.26～1.52 mg/L 之间，均值为 0.72 mg/L，地下水 As 与 DOC 表现出较好相关性（$p<0.1$）[图 7 - 14（a）]，而高砷地下水中 As 与 DOC 相关性较差（$p>0.1$）；地下水中 DIC 范围介于 12.41～123.44 mg/L 之间，均值为 24.54 mg/L，高砷地下水中 As 与 DIC 相关性较差（$p>0.1$）[图 7 - 14（b）]；高砷地下水中 DIC 和 DOC、HCO_3^- 表现出较好的相关性（$p<0.1$）[图 7 - 14（c）(d)]。表明地下水中 DIC 不仅来源于

碳酸盐岩等矿物的溶解,还来源于微生物降解作用。高水位期包气带中机物质进入含水层,在微生物作用下,低水位期地下水趋于还原环境,促进了吸附态 As 的释放。

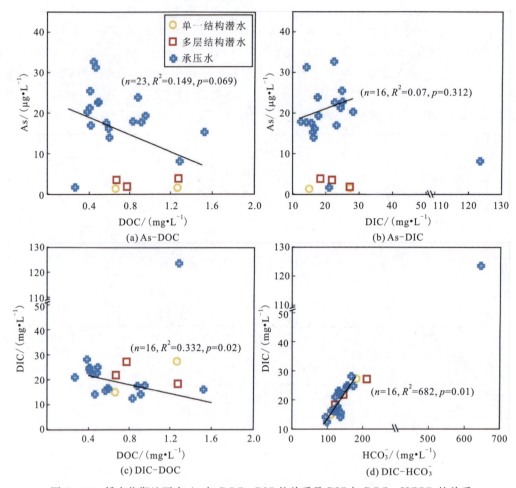

图 7-14 低水位期地下水 As 与 DOC、DIC 的关系及 DIC 与 DOC、HCO_3^- 的关系

四、地下水砷赋存的水化学环境

1. 高水位期地下水砷赋存的水化学环境

高水位期高砷地下水中 As 与 pH 表现出较好正相关性($p<0.1$)[图 7-15(a)],地下水 pH 值升高,会增大矿物表面零点电位 pH 值,使吸附在矿物表面的砷发生解吸附。25 组地下水 As 与 Eh 表现出较好的负相关性($p<0.1$)[图 7-15(b)],而高砷地下水 As 与 Eh 相关性较差($p>0.1$),表明弱碱性还原环境更有利于高砷地下水形成,受地下水开采影响,地下水环境发生变化,高砷地下水 As 与 Eh 表现出弱相关性。当 HCO_3^-、PO_4^{3-} 和 As 共存时,它们会与沉积物表面的 As 发生竞争吸附作用,吸附在沉积物表面的 As 解吸,从而引起地下水中 As(Ⅴ)、As(Ⅲ)含量的变化。从[图 7-15(c)(d)]可以看出,高砷地下水 As 与 HCO_3^-、PO_4^{3-} 呈现较好的正相关($p<0.1$),As 与 PO_4^{3-} 相关性大于

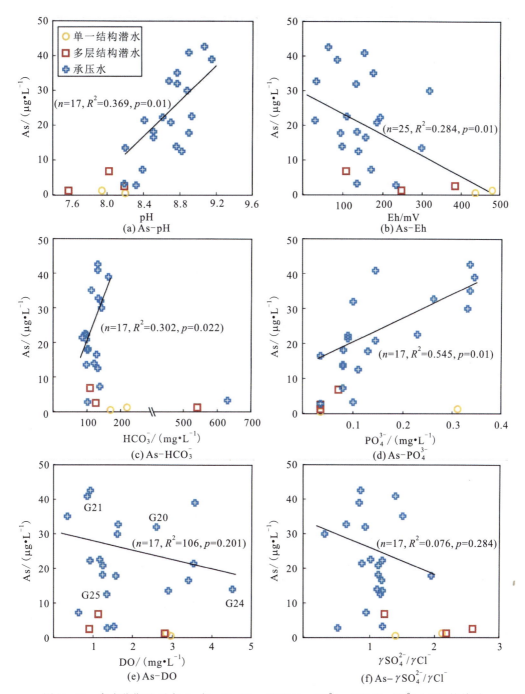

图 7-15 高水位期地下水 As 与 pH、Eh、HCO_3^-、PO_4^{3-}、DO 和 $\gamma SO_4^{2-}/\gamma Cl^-$ 的关系

HCO_3^-，表明地下水 HCO_3^-、PO_4^{3-} 均参与竞争吸附作用，且 PO_4^{3-} 吸附作用程度大于 HCO_3^-。PO_4^{3-} 与 As 有相似的理化性质和解离常数，相同条件下，PO_4^{3-} 对 As（Ⅴ）竞争吸附大于 HCO_3^-，而 HCO_3^- 主要强势于对 As（Ⅲ）的竞争吸附，典型剖面地下水以 As（Ⅴ）为主。DO 能够反映地下水的氧化还原环境，深层地下水集中开采，改变了地下水动力场，

上层潜水越流补给下层承压水，处于集中开采区的深层地下水 DO 含量较高（G20、G24），高砷地下水 As 与 DO 表现出弱相关性（$p>0.1$）[图 7-15（e）]。受越流补给影响，承压水处于半开放状态，水中脱硫酸作用相对较弱，高砷地下水 As 与脱硫酸系数 $\gamma SO_4^{2-}/\gamma Cl^-$ 呈弱相关性（$p>0.1$）[图 7-15（f）]。

2. 低水位期地下水砷赋存的水化学环境

低水位期高砷地下水中 As 与 pH 表现出较好的正相关性（$p<0.1$）[图 7-16（a）]；低

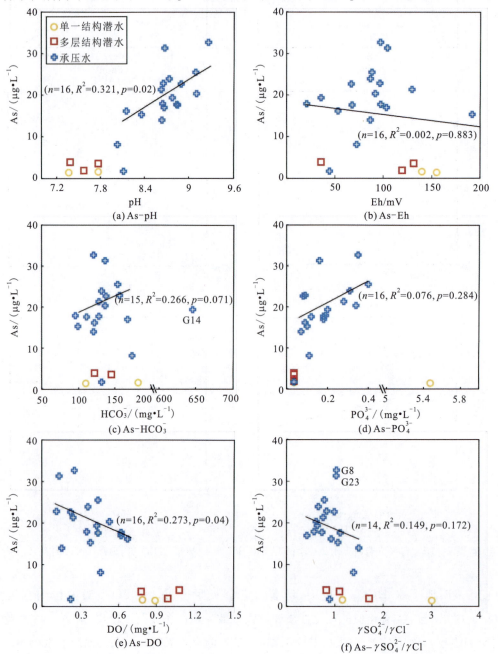

图 7-16 低水位期地下水 As 与 pH、Eh、HCO_3^-、PO_4^{3-}、DO 和 $\gamma SO_4^{2-}/\gamma Cl^-$ 的关系

水位期地下水处于还原环境，但 16 组高砷地下水 As 与 Eh 均表现出弱相关性（$p>0.1$）[图 7-16（b）]。高砷地下水 As 与 HCO_3^-（除 G14 外）呈现正相关（$p<0.1$）、与 PO_4^{3-} 表现出弱相关性（$p>0.1$）[图 7-16（c）（d）]，表明低水位期地下水 HCO_3^- 主要参与竞争吸附作用。随着水位降低，低水位期地下水 DO 含量较低，高砷地下水 As 与 DO 呈现较好的负相关性（$p<0.1$）[图 7-16（e）]，即随着 DO 增大，As 含量呈减小趋势。高砷地下水中 As 与脱硫酸系数 $\gamma SO_4^{2-}/\gamma Cl^-$ 相关性较差（$p>0.1$）[图 7-16（f）]，表明高低水位期高砷地下水 As 的富集受脱硫酸影响较小。

第七节　典型剖面地下水砷水文地球化学反向模拟

为进一步论证地下水砷的迁移转化过程，本节运用水文地球化学反向模拟的方法定量表征典型剖面高、低水位期地下水沿地下水流向所发生的水文地球化学作用，以分析地下水砷及各化学指标的来源及含量分布。

一、水文地球化学反向模拟基本原理

水文地球化学反向模拟以平衡热力学和化学动力学为基础，在已知起点和终点水化学指标的情况下，根据质量守恒原理反向推测某一化学系统发生的水岩反应、矿物的溶解与沉淀情况以及相互转化量，通用反应方程：

$$\text{起点水溶液化学指标}+\text{反应物相}=\text{终点水溶液化学指标}+\text{生成物相}$$

(7-1)

式中，反应物相和生成物相分别为进入和离开溶液的气体、矿物和化学指标。这一过程也可用质量平衡方程表示：

$$\left\{\sum_{n=1}^{p} a_n b_{n,k} = m_{T,K(\text{终点})} - m_{T,K(\text{起点})} = \Delta m_{T,K}\right\}_{k-1\Delta j, n-1\Delta p}$$

(7-2)

$$\sum_{n=1}^{p} u_n a_n = \Delta RS$$

(7-3)

式中，a_n，$b_{n,k}$ 分别为第 n 种进入和离开溶液物相摩尔浓度，第 n 种物相的第 k 种化学指标化学计量系数；$m_{T,K(\text{终点})}$，$m_{T,K(\text{起点})}$ 和 $\Delta m_{T,K}$ 分别为第 k 种化学指标起点总摩尔浓度，终点总摩尔浓度和总摩尔浓度变化量；$k-1\Delta j$，$n-1\Delta p$ 为终点值 p 物相第 j 种化学指标与初值 $n-1$ 物相间第 $k-1$ 化学指标之差；u_n 和 ΔRS 分别为第 n 种物相的价态和溶液的氧化还原状态。

二、模拟路径选择

采用南北向剖面 2021 年高水位期（5 月）和地下水位期（8 月）地下水原位取样点数据对补给区单一结构潜水（G1→G2）、径流区承压水（G5→G7）、排泄区承压水（G10→G12）三条路径进行水文地球化学模拟（图 7-2）。各点的水化学指标含量如表 7-6 和表 7-7 所示。

表 7-6　高水位期模拟路径地下水水化学指标

模拟路径	编号	温度	pH	Na^+	Ca^{2+}	Mg^{2+}	Cl^-	SO_4^{2-}	HCO_3^-	As（V）
补给区单一结构潜水	G1	13.74	8.37	84.52	27.75	5.12	35.45	66.89	169.70	0.50
	G2	13.68	8.02	137.69	168.91	31.71	147.47	421.89	218.54	1.24
径流区承压水	G5	15.38	8.54	75.30	20.11	4.88	42.54	64.97	102.55	18.13
	G7	14.00	8.98	85.74	6.43	0.98	35.45	48.58	94.01	22.55
排泄区承压水	G10	18.87	9.22	141.95	3.62	0.98	55.30	63.04	163.60	38.92
	G12	13.26	8.47	419.82	43.43	16.83	418.31	294.28	137.96	7.21

注：温度的单位为℃，pH 为无量纲，As（V）、As（Ⅲ）的单位为 μg/L，其余组分的单位为 mg/L。

表 7-7　低水位期模拟路径地下水水化学指标

模拟路径	编号	温度	pH	Na^+	Ca^{2+}	Mg^{2+}	Cl^-	SO_4^{2-}	HCO_3^-	As（V）	As（Ⅲ）
补给区单一结构潜水	G1	17.38	7.77	88.36	28.10	7.06	40.41	63.30	181.91	1.56	0.00
	G2	17.47	7.36	24.60	43.75	5.60	14.18	57.43	109.88	1.38	0.00
径流区承压水	G5	18.72	8.15	69.05	17.26	4.14	36.16	45.07	120.87	16.14	0.00
	G7	17.26	8.78	94.06	8.83	0.73	42.54	36.46	128.19	18.63	0.69
排泄区承压水	G10	19.04	9.11	155.67	4.01	1.46	76.57	63.30	167.26	18.04	2.26
	G12	17.36	8.67	283.16	16.05	4.63	250.99	142.66	131.86	16.96	0.00

注：温度的单位为℃，pH 为无量纲，As（V）、As（Ⅲ）的单位为 μg/L，其余组分的单位为 mg/L。

1. 高水位期

1) 补给区单一结构潜水路径

补给区单一结构潜水 G1 和 G2 均呈弱碱性环境（pH＞7.50），从起点 G1 至终点 G2 中地下水 pH 值和温度呈减小趋势外，其余组分含量均呈增大趋势。选择温度、pH、Na^+、Ca^{2+}、Mg^{2+}、Cl^-、SO_4^{2-}、HCO_3^- 和 As（V）共 9 项指标进行水文地球化学反向模拟。

2) 径流区承压水路径

径流区承压水 G5 和 G7 均呈碱性环境（pH＞8.50），地下水从起点水样 G5 至终点水样 G7，pH、Na^+、As（V）含量呈增大趋势，Ca^{2+}、Mg^{2+}、Cl^-、SO_4^{2-}、HCO_3^- 组分含量和温度均呈减小趋势。选择温度、pH、Na^+、Ca^{2+}、Mg^{2+}、Cl^-、SO_4^{2-}、HCO_3^- 和 As（V）共 9 项指标进行水文地球化学反向模拟。

3) 排泄区承压水路径

排泄区承压水 G10 和 G12 分别表现出碱性（pH＞8.50）和弱碱性（pH＞7.50）环境，从起点 G10 至终点 G12，除 pH、温度和 HCO_3^-、As（V）含量呈减小趋势，其余组分含量均呈增大趋势。选择温度、pH、Na^+、Ca^{2+}、Mg^{2+}、Cl^-、SO_4^{2-}、HCO_3^- 和 As（V）

共 9 项指标进行水文地球化学反向模拟。

2. 低水位期

1) 补给区单一结构潜水路径

补给区单一结构潜水 G1 和 G2 分别表现出弱碱性 (pH>7.50) 和中性 (pH>7.00) 环境，从起点 G1 至终点 G2 地下水中温度、Ca^{2+} 含量呈增大趋势，As（Ⅲ）含量不变，pH 和其余组分含量均呈减小趋势。与高水位相比，低水位期 G2 中除温度和 As（Ⅴ）外，其余组分含量均呈减少趋势，其中 SO_4^{2-} 含量变化较大（421.89 mg/L→57.43 mg/L）。选择温度、pH、Na^+、Ca^{2+}、Mg^{2+}、Cl^-、SO_4^{2-}、HCO_3^- 和 As（Ⅴ）共 9 项指标进行水文地球化学反向模拟。

2) 径流区承压水路径

径流区承压水 G5 和 G7 分别呈弱碱性 (pH>7.50) 和碱性环境 (pH>8.50)，从起点 G5 至终点 G7，除温度、Ca^{2+}、Mg^{2+} 和 SO_4^{2-} 含量呈减小趋势，Na^+、Cl^-、HCO_3^-、As（Ⅴ）、As（Ⅲ）含量和 pH 呈增大趋势。与高水位相比，低水位期 As（Ⅴ）含量相对较低，仅 G7 存在 As（Ⅲ）。选择温度、pH、Na^+、Ca^{2+}、Mg^{2+}、Cl^-、SO_4^{2-}、HCO_3^-、As（Ⅴ）和 As（Ⅲ）共 10 项指标进行水文地球化学反向模拟。

3) 排泄区承压水路径

排泄区承压水 G10 和 G12 表现出碱性环境 (pH>8.50)，从起点 G10 至终点 G12，温度、pH、HCO_3^-、As（Ⅴ）和 As（Ⅲ）含量呈减小趋势，Na^+、Ca^{2+}、Mg^{2+}、Cl^- 和 SO_4^{2-} 含量呈增大趋势。与高水位相比，低水位期 G10 中 As（Ⅴ）含量呈减小趋势，但存在 As（Ⅲ），G12 中 As（Ⅴ）含量呈增加趋势。选择温度、pH、Na^+、Ca^{2+}、Mg^{2+}、Cl^-、SO_4^{2-}、HCO_3^-、As（Ⅴ）和 As（Ⅲ）共 10 项指标进行水文地球化学反向模拟。

三、可能矿物相确定

矿物相的选取不仅要考虑研究区地质条件、岩相分布、各矿物的组分含量等因素，还要考虑生成物、反应物、热力学参数和同位素等条件。根据以往资料，研究区除常见方解石、白云石、石膏、岩盐、钠长石、钾长石、钙长石、高岭石和石英等矿物外，还广泛分布着毒砂（FeAsS）、黄铁矿（FeS），以及含锰、铜等硫化矿床。其中毒砂较为常见，砷含量一般高达 46.0%，但在前文中研究区地下水砷与铁、锰关系较弱且典型剖面地下水中铁含量较低，区域地下水中 SO_4^{2-} 含量相对较高且水中存在硫化物（介于 1.00~66.00 μg/L 之间），故将雄黄、雌黄作为可能的矿物相。因此，本文以研究区含水层中主要矿物方解石（$CaCO_3$）、白云石 [$CaMg(CO_3)_2$]、石膏（$CaSO_4 \cdot 2H_2O$）、岩盐（NaCl）、钠长石（$NaAlSi_3O_8$）、钙长石（$CaAl_2Si_2O_8$）、高岭石 [$Al_2Si_2O_5(OH)_4$]、石英（SiO_2）、雌黄（As_2S_3）、雄黄（AsS）、CO_2（g）和阳离子交换相（NaX、CaX_2、MgX_2）作为矿物相来模拟地下水的水岩作用。矿物相参与的反应式如表 7-8 所示。

四、水文地球化学反向模拟结果

由高水位期水文地球化学反向模拟结果（表 7-9）可以看出，矿物的溶滤作用主要发生

表 7-8 矿物相及相关的反应式

矿物相	溶解作用反应式
方解石	$CaCO_3 \Longleftrightarrow CO_3^{2-} + Ca^{2+}$
白云石	$CaMg(CO_3)_2 \Longleftrightarrow 2CO_3^{2-} + Mg^{2+} + Ca^{2+}$
石膏	$CaSO_4 \cdot 2H_2O \Longleftrightarrow SO_4^{2-} + Ca^{2+} + 2H_2O$
岩盐	$NaCl \Longleftrightarrow Na^+ + Cl^-$
钠长石	$2NaAlSi_3O_8 + 2CO_2 + 11H_2O \Longleftrightarrow Al_2Si_2O_5(OH)_4 + 2Na^+ + 2HCO_3^- + 4H_4SiO_4$
钙长石	$CaAl_2Si_2O_8 + 2CO_2 + 8H_2O \Longleftrightarrow Al_2O_3 \cdot 3H_2O + Ca^{2+} + 2H_2SiO_4 + 2HCO_3^-$
高岭石	$Al_2Si_2O_5(OH)_4 + 6H^+ \Longleftrightarrow 2Al^{3+} + 2H_4SiO_4 + H_2O$ $H_2O + CO_2 = H_2CO_3$
雌黄	$As_2S_3 + 6H_2O \Longleftrightarrow 2H_3AsO_3 + 3HS^- + 3H^+$
雄黄	$AsS + 3H_2O \Longleftrightarrow H_3AsO_3 + HS^- + 2H^+ + e^-$
阳离子交换相	$Ca^{2+} \longleftrightarrow 2Na^+,\ Ca^{2+} \longleftrightarrow Mg^{2+},\ Mg^{2+} \longleftrightarrow 2Na^+$

表 7-9 高水位期地下水反向水文地球化学模拟结果　　　　单位：mmol/L

矿物相	单一结构潜水 G1→G2	承压水 G5→G7	承压水 G10→G12
方解石	−87.8	-8.28×10^{-5}	-5.19×10^{-4}
白云石	4.29×10^{-4}	—	—
石膏	1.06×10^{-3}	-1.18×10^{-4}	2.17×10^{-3}
岩盐	—	-1.96×10^{-4}	9.94×10^{-3}
钠长石	-1.16×10^{-2}	6.02×10^{-4}	5.20×10^{-4}
钙长石	87.8	-3.01×10^{-4}	—
高岭石	−87.8	—	-2.60×10^{-4}
石英	2.32×10^{-2}	-1.17×10^{-3}	-1.05×10^{-3}
雌黄	-1.10×10^{-5}	-2.33×10^{-7}	4.85×10^{-7}
雄黄	2.20×10^{-5}	5.25×10^{-7}	-1.39×10^{-6}
CO_2（g）	87.8	—	—
NaX	—	—	—
CaX_2	—	1.61×10^{-4}	-6.53×10^{-4}
MgX_2	—	-1.61×10^{-4}	6.53×10^{-4}

注：正值表示溶解，负值表示沉淀，"—"表示未参加反应。

在补给区（G1→G2），白云石、石膏、钙长石和雄黄的溶解是导致地下水中各离子含量增大的主要原因。在径流区（G5→G7），各矿物溶滤作用相对较弱，钠长石和雄黄的溶滤作用导致 Na^+（75.30 mg/L→85.74 mg/L）、As（18.13 μg/L→22.55 μg/L）含量呈增大趋势，在方解石、石膏、岩盐、钙长石沉淀和阳离子交换作用（Mg^{2+}→Ca^{2+}）下，水中 Ca^{2+}、Mg^{2+} 与其他各离子含量均呈减小趋势。在排泄区（G10→G12），石膏、岩盐和钠长石溶解，为地下水提供了 Na^+、Cl^-，水化学类型由 $HCO_3 \cdot Cl - Na$ 型（HL-N 型）转化为 $Cl \cdot SO_4 - Na$ 型（LS-N 型），雄黄的沉淀程度大于雌黄的溶解程度是导致地下水 As 含量减少（38.92 μg/L→7.21 μg/L）的主要原因。

从表 7-10 可以看出，补给区（G1→G2）白云石、石膏、岩盐和钠长石的沉淀效应是导致水中 Na^+、Mg^{2+}、Cl^-、SO_4^{2-} 和 HCO_3^- 减少的主要原因，Na^+ 置换了含水介质中 Mg^{2+}，而白云石的溶解效应强于 Na^+ 与 Mg^{2+} 交换作用，Mg^{2+} 含量减小（7.06 mg/L→5.60 mg/L），钙长石的溶滤作用导致 Ca^{2+} 含量增加（28.10 mg/L→43.75 mg/L），雄黄的沉淀效应大于雌黄的溶解效应，As(V) 含量（1.56 μg/L→1.38 μg/L）呈减小趋势。在径流区（G5→G7），钙长石、岩盐和雄黄溶滤作用为地下水提供了 Ca^{2+}、Mg^{2+}、Cl^-、HCO_3^- 和 As，而白云石沉淀效应，Ca^{2+}、Mg^{2+} 与 Na^+ 交换作用导致 Ca^{2+}、Mg^{2+} 含量减少，雄黄的溶滤作用大于雌黄的沉淀效应，ΣAs 含量呈增加趋势（16.14 μg/L→19.32 μg/L）。在排泄区（G10→G12），岩盐、石膏的溶解强度增大，水中 Na^+（155.67 mg/L→

表 7-10 低水位期地下水反向水文地球化学模拟结果　　单位：mmol/L

矿物相	单一结构潜水 G1→G2	承压水 G5→G7	承压水 G10→G12
方解石	—	—	-8.00×10^{-4}
白云石	-9.19×10^{-4}	-3.89×10^{-5}	1.31×10^{-4}
石膏	-1.44×10^{-5}	-8.96×10^{-5}	8.27×10^{-4}
岩盐	-7.40×10^{-4}	2.31×10^{-4}	5.12×10^{-3}
钠长石	-7.65×10^{-6}	—	—
钙长石	1.27×10^{-3}	1.34×10^{-4}	1.86×10^{-4}
高岭石	-1.26×10^{-3}	-1.34×10^{-4}	-1.86×10^{-4}
石英	-41.1	—	-5.14×10^{-6}
雌黄	1.38×10^{-6}	-3.34×10^{-8}	4.44×10^{-7}
雄黄	-2.76×10^{-6}	1.09×10^{-7}	-9.32×10^{-7}
CO_2（g）	54.7	1.34×10^{-4}	—
NaX	-1.72×10^{-5}	6.35×10^{-5}	8.51×10^{-5}
CaX_2	—	-2.16×10^{-5}	-4.26×10^{-5}
MgX_2	8.59×10^{-6}	-1.01×10^{-5}	—

注：正值表示溶解，负值表示沉淀，"—"表示未参加反应。

283.16 mg/L)、Ca^{2+}（4.01 mg/L→16.05 mg/L）、Cl^-（76.57 mg/L→250.99 mg/L）和 SO_4^{2-}（63.30 mg/L→142.66 mg/L）含量明显增大，Mg^{2+} 来源于白云石的溶滤作用，而方解石沉淀效应大于白云石的溶滤作用，水中 HCO_3^- 含量减少。雌黄的溶滤作用小于雄黄的沉淀效应，ΣAs 含量呈减小趋势（20.30 μg/L→16.96 μg/L）。

整体来看，随着地下水径流变缓，岩盐溶滤和阳离子交换作用增强，而方解石、白云石表现出沉淀状态，水中 TDS 增加，HCO_3^- 减少，越不利于地下水砷富集，这也是地下水砷含量在北部绿洲带边缘降低的原因之一。

第八节 典型剖面地下水砷形成过程

根据以上分析结果，绘制了南北向典型剖面高、低水位期地下水水化学和砷形成过程（图 7-17、图 7-18）。

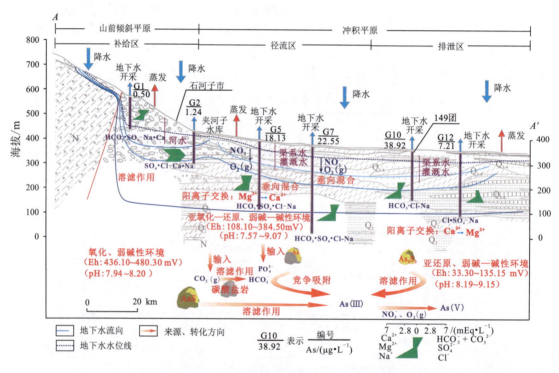

图 7-17 高水位期地下水水化学和砷形成过程

山前倾斜平原作为地下水补给区，降水、山前裂隙水携带大量 CO_2、O_2 等气体加速了白云石、钙长石等矿物的溶解，HCO_3^- 为优势阴离子，地下水整体处于氧化、弱碱性环境，砷以硫化物形式溶解（图 7-17）。补给区地下水以溶滤作用为主，但在较强地下水动力条件下的山前倾斜平原水中各离子含量相对较低。从山前倾斜平原到冲积平原，含水层水动力条件逐渐变差，径流区地下水处于亚氧化—还原、弱碱—碱性环境，HCO_3^- 与 PO_4^{3-} 竞争吸附促进了黏土矿物表面砷的释放。高水位期地下水持续大量开采，改变了天然流场，加速了

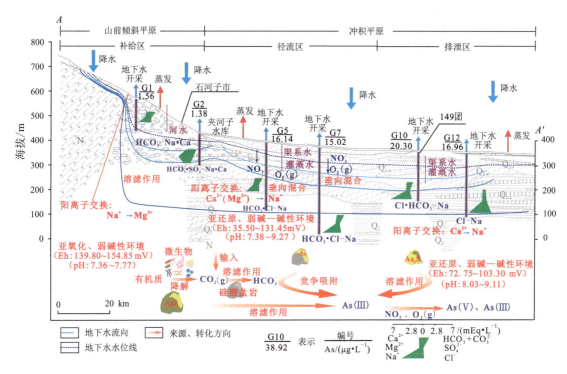

图 7-18 低水位期地下水水化学和砷形成过程

地下水资源循环，促进了含水层中的水岩相互作用，砷与各组分含量较高，沿程呈波动变化。在地下水开采过程中，上层含有 NO_3-N、O_2 等氧化物质的潜水越流补给承压水。在亚氧化或氧化环境，由溶滤和竞争吸附作用生成的 As（Ⅲ）逐渐转化为 As（Ⅴ），地下水砷以 As（Ⅴ）主。随着流程的增加，含水层介质颗粒逐渐变细，阳离子交换作用增强，到排泄区，地下水整体处于亚还原、弱碱—碱性环境，水中优势阴离子为 Cl^-、SO_4^{2-}，地下水砷含量降低。

低水位期地下水补给区以 HCO_3^- 为优势阴离子，地下水整体处于亚氧化、弱碱性环境，地下水砷含量相对较低（图 7-18）。随着灌溉结束，地下水开采逐渐减弱，地下水位逐步回升，地下水循环能力和水岩相互作用减弱。地下水水位降低，地下水中 DO、NO_3-N 等氧化组分含量降低，由有机质降解形成的 CO_2 促进了 HCO_3^- 的形成，HCO_3^- 的竞争吸附促进了砷的释放。径流区地下水处于亚还原、弱碱—碱性环境，地下水砷以 As（Ⅲ）的形式存在，砷与各组分含量沿程趋于稳定变化。随着流程的增加，岩盐和石膏溶滤作用增强。到排泄区，地下水整体处于亚还原、弱碱—碱性环境，水中优势阴离子为 Cl^-，砷与各组分含量相对高水位期较低，但含水层中仍存在部分高砷地下水。

第八章 结论与展望

第一节 结 论

本书以准噶尔盆地绿洲带为研究区,采用分级评分法、PvOPBT法、商值法、致癌与非致癌健康风险评价模型分别筛选地下水优先控制无机污染物与有机污染物并评价各优先控制污染物对生态和人类健康的风险,基于优先控制污染物的种类、分布对其分布规律和影响因素进行分析。采用地下水质量综合评价模型和综合污染指数法等方法从不同范围(绿洲带、乌-昌-石城市群典型区)对地下水水质时空演化规律进行研究。运用源解析受体模型、矿物饱和指数法、图解法和冗余分析等方法,结合地质与水文地质条件、地下水流场变化和土地利用类型对地下水水化学指标来源、水质成因进行分析。同时,在绿洲带高砷地下水分布区内,选择典型剖面对高、低水位期地下水常规指标与砷时空演化特征进行分析,阐明高低水位期地下水中砷的迁移转化机制。得出以下主要结论。

(1) 将研究区划分为7个地下水系统,并计算各系统地下水无机指标的天然背景值。基于天然背景值,结合污染级别分类评价法、熵权法和K-means聚类算法,将综合污染指数并分为3个优先级,分别为极高优先级、高优先级和低优先级。其中,将极高优先级和高优先级中的无机污染物识别为优先控制无机污染物,包括TDS、Cl^-、Na^+、TH和SO_4^{2-}。

(2) 综合考虑研究区地下水有机污染的实际情况及有机污染物在环境中的毒性,选取优化的PvOPBT方法与K-means聚类算法相结合,将有机污染物的PvOPBT得分排序并分为3个优先级,分别为极高优先级、高优先级和低优先级。将极高优先级和高优先级中的有机污染物识别为优先控制有机污染物,包括苯并[a]芘、1,2-二氯乙烷、滴滴涕和三氯甲烷。对比各指标得分发现有机污染物的高优先级通常受浓度因素影响较大。

(3) 通过商值法分别对优先控制污染物进行生态风险评价,优先控制污染物的生态风险主要处于低、中生态风险,其中优先控制无机污染物中 SO_4^{2-} 的生态风险整体高于其余无机污染物,优先控制有机污染物中仅有少量的苯并[a]芘与滴滴涕的检出点存在高风险,因此需要密切关注 SO_4^{2-}、苯并[a]芘与滴滴涕对生态环境的影响。

(4) 通过致癌健康风险评价模型得出优先控制污染物对研究区地下水的致癌健康风险整体较低的结论。优先控制污染物对成人和儿童致癌风险由大到小依次为:苯并[a]芘、1,2-二氯乙烷、三氯甲烷、滴滴涕。非致癌健康风险评价结果显示,优先控制污染物对研究区地下水的非致癌健康风险需要引起重视。污染物对成人和儿童的非致癌健康风险由大到小的污染物依次为:Na^+、Cl^-、SO_4^{2-}、TDS和TH。

(5) 对各优先控制污染物检出点进行空间分布统计,结果显示:按流域尺度划分优先控制污染物检出点主要分布于天山北麓中段与艾比湖水系,其次为额尔齐斯河流域、天山北麓东段、乌伦古河水系和吉木乃诸小河流域等；按地州划分优先控制染物，检出点在塔城地区、乌鲁木齐市、昌吉回族自治州的分布数量最多，其次为阿勒泰地区、伊犁哈萨克自治州、博尔塔拉蒙古自治州、克拉玛依地区与石河子地区。

（6）包气带中岩性以颗粒较大的砂砾石为主的区域更易受污染，以颗粒较小的亚黏土为主的区域利于挥发性有机污染物的赋存；地下水的过度开采导致的水位下降与降落漏斗的形成均可能导致地下水受到优先控制污染物的污染；农业活动，生活、生产活动以及污染源的分布均是导致地下水优先控制污染物污染的重要影响因素。

（7）绿洲带地下水水化学指标时空分布存在差异。天山北麓中段绿洲带地下水 pH 值介于 6.35～9.68 之间，平均值为 8.00；TDS 变化范围为 97.00～22 388.00 mg/L，平均值为 715.79 mg/L；TH 介于 5.98～3 619.73 mg/L 之间，平均值为 276.70 mg/L。地下水整体为弱碱性低矿化度微硬水。地下水水化学类型随时间变化趋于复杂。As 含量介于 ND.～887.00 μg/L 之间，平均值为 11.20 μg/L。

（8）绿洲带地下水质量类别以 Ⅰ 类或 Ⅱ 类为主，污染等级以未污染（$F \leqslant 1.0$）和轻度污染（$1.0 < F \leqslant 5.0$）为主。采用单因子评价和熵权-TOPSIS 综合评价法对绿洲带地下水质量进行评价，得到绿洲带 1982～2018 年地下水质量均以 Ⅰ 或 Ⅱ 类为主，Ⅰ 类和 Ⅱ 类地下水主要分布于山前倾斜平原，Ⅲ 类、Ⅳ 类和 Ⅴ 类地下水主要分布于冲积平原，影响地下水质量的主要组分为 pH、SO_4^{2-} 和 As。采用综合污染指数法对绿洲带地下水污染进行评价，结果显示 1982～2018 年综合污染指数 F 呈波动增大趋势，轻度污染地下水主要分布于五家渠市、昌吉市、玛纳斯县和石河子市等城区附近。

（9）乌-昌-石城市群典型区与绿洲带地下水水质状况基本一致。2001—2021 年间典型区地下水质量类别以 Ⅰ 类或 Ⅱ 类为主，地下水污染程度以未污染和轻度污染为主，地下水水质整体呈劣化趋势。25 眼监测井地下水水质变好、变差的分别占比 28.0% 和 72.0%。

（10）研究区地下水各化学指标来源-迁移-转化过程不仅受自然因素影响，还与人类活动有关。采用 PMF 模型对地下水水化学指标来源进行解析，得到溶滤-迁移-富集源、环境影响源、生活排放源、原生矿物源和农业排放源对地下水水化学指标贡献率分别为 54.7%、20.3%、12.3%、11.4% 和 1.3%。地下水 SO_4^{2-} 主要来源于石膏矿物的溶滤作用；$NO_3^- - N$ 主要来源于城市污水排放；$NH_4^+ - N$ 和 $NO_2^- - N$ 来源于农业生产活动。

（11）典型剖面高、低水位期地下水砷溶滤-迁移-富集过程存在差异。从高水位期（5月）开始，地下水持续大量开采，地下水流场和水化学场改变，促进了含水层中的水岩相互作用，地下水大多处于氧化环境，HCO_3^- 与 PO_4^{3-} 竞争吸附促进了黏土矿物表面砷的释放，因此砷与各组分含量较高，且砷形态以 As（Ⅴ）为主。低水位期末期（8月）地下水开采逐渐减弱，地下水位逐步回升，地下水循环能力和水岩相互作用减弱，地下水大多处于还原环境，有机质降解促进了 HCO_3^- 的形成，HCO_3^- 的竞争吸附有利于黏土矿物表面砷的释放，砷与各组分含量相对高水位期较低，但含水层中仍存在部分高砷地下水，砷形态为 As（Ⅲ）和 As（Ⅴ）。

第二节　展　望

（1）在进行优先控制污染物风险量化时，部分参数因为缺少符合我国实际情况的化学物质毒性数据库,因此本书基于国外实验室研究的化学物质毒理学数据开展筛选工作。由于不同国家的生活方式、人体各项指标与生态系统的差异,这些参数不一定完全适合我国国情,因此未来应当针对我国实际情况建立相应数据库。

(2) 本书提出的地下水有机污染物优先级排序是基于 1:25 万区域地下水污染调查评价成果的基础上开展的。针对准噶尔盆地地下水优先控制污染物的来源与影响因素的分析仅进行了初步的定性分析,后续还需结合地下水-地表水-土壤的污染状况和更加精细的污染源专项调查开展深入研究。

(3) 进一步加强地下水环境监测,建立地下水环境监测体系。全面梳理、整合现有绿洲带地下水监测井,再进行筛选和优化。根据需要开展重点区域高精度地下水环境调查、取样及评价工作,划分饮用水水源保护区。对重要地下水水化学指标进行长序列监测,查明污染物的运移规律,制订有效的防治对策,从源头保障饮用水安全。在制订地下水压采方案时应充分考虑地下水水质,对水质较差或砷含量较高的机井进行封填,合理布局深层地下水开采井。

(4) 进行沉积物中矿物、地下水中有机碳和微生物种类的测定与分析。本书在绿洲带高砷地下水分布区,主要从地质条件、溶滤作用、有机质以及赋存环境分析典型剖面地下水砷的形成过程,所反映的参与砷迁移转化过程的影响因素不够全面,还需进一步借助 X 射线衍射、同步辐射等手段测定沉积物中矿物组分,结合微生物、环境同位素数据,开展地下水流-水化学反应模型,深入分析地下水砷迁移转化。

(5) 不同年份地下水取样点位置及样本数量不同对区域地下水水质时空演化规律分析存在一定的影响,需运用残差分析、路径分析等方法对地下水水质时空演化规律做进一步的分析。

主要参考文献

曹文庚,杨会峰,高媛媛,等,2020.南水北调中线受水区保定平原地下水质量演变预测研究[J].水利学报,51(8):924-935.

陈斌,徐尚昭,周阳阳,等,2020.POI与NPP/VIIRS夜光数据空间耦合关系下的城市空间结构分析——以武汉市主城区为例[J].测绘通报(7):70-75.

陈云飞,周金龙,曾妍妍,等,2017.新疆石河子地区地下水硝酸盐含量分布及影响因素分析[J].地球与环境,45(3):298-305.

谌天德,陈旭光,王文科,等,2009.准噶尔盆地地下水资源及其环境问题调查评价[M].北京:地质出版社.

董新光,邓铭江,2005.新疆地下水资源[M].乌鲁木齐:新疆科学技术出版社.

范薇,周金龙,曾妍妍,2016.水环境优先控制污染物筛选方法研究进展[J].地下水,38(3):94-96.

范薇,周金龙,曾妍妍,等,2018.石河子地区地下水优先控制污染物的确定[J].人民黄河,40(4):69-71.

傅德黔,孙宗光,周文敏,1990.中国水中优先控制污染物黑名单筛选程序[J].中国环境监测,6(5):48-50.

高宏斌,李畅游,孙标,等,2017.水位波动下的呼伦湖上覆水体与沉积物间隙水之间溶质的运移特征[J].湖泊科学,29(6):1331-1341.

郭华明,倪萍,贾永锋,等,2014.原生高砷地下水的类型、化学特征及成因[J].地学前缘,21(4):1-12.

郭晓静,周金龙,王毅萍,等,2011.塔里木盆地地下水环境背景值[J].人民黄河,33(1):61-63.

洪里,1983.新疆奎屯北部车排子地区高氟、高砷水的病害与形成环境的初步研究[J].新疆环境保护(1):22-28.

康纳,沙克立特,1980.美国大陆某些岩石、土壤、植物及蔬菜的地球化学背景值[M].王景华,张立城,邹其陶,等译.北京:科学出版社.

况军,2005.准噶尔盆地古隆起与油气勘探方向[J].新疆石油地质(5):44-51.

雷米,2023.天山北麓中段绿洲带地下水水质时空演化规律研究[D].乌鲁木齐:新疆农业大学.

李丕龙,冯建辉,陆永潮,等,2010.准噶尔盆地构造沉积与成藏[M].北京:地质出版社.

李巧,周金龙,高业新,等,2015.新疆玛纳斯河流域平原区地下水水文地球化学特征研究[J].现代地质,29(2):238-244.

李卫东,2021.基于挥发通量检测土壤气中三氯甲烷及健康风险评估[D].天津:天津科技大学.

李亚松,费宇红,王昭,等,2011.三氯甲烷在浅层地下水中的赋存特征及迁移淋溶性研究[J].环境污染与防治,33(7):36-38.

廖磊,何江涛,彭聪,等,2018.地下水次要组分视背景值研究:以柳江盆地为例[J].地学前缘,25(1):267-275.

林聪业,孙占学,高柏,等,2021.拉萨地区地下水水化学特征及形成机制研究[J].地学前缘,28(5):49-58.

刘伟江,丁贞玉,文一,等,2013.地下水污染防治之美国经验[J].环境保护,41(12):33-35.

刘一博,2018.玛纳斯流域绿洲区地表、地下水硝酸盐分布规律与源解析[D].石河子:石河子大学.

沈英娃,曹洪法,1991.生态风险评价方法简述[J].中国环境科学,11(6):464-468.

时雯雯,周金龙,曾妍妍,等,2021.新疆乌昌石城市群地下水多重水质评价[J].干旱区资源与环境,35(2):109-116.

宋晨,马斌,梁杏,等,2021.玛纳斯河流域山前平原地下水水化学特征与补给来源[J].干旱区资源与环境,35(1):160-168.

孙英,周金龙,梁杏,等,2021.塔里木盆地南缘浅层高碘地下水的分布及成因:以新疆民丰县平原区为例[J].地球科学,46(8):2999-3011.

汤明尧,沈重阳,张炎,等,2022.新疆棉花化肥利用效率研究[J].中国土壤与肥料,6(4):161-168.

田彩云,李宗硕,王纯利,等,2016.正渗透分离技术及其在高盐水处理应用的研究进展[J].新疆环境保护,38(4):30-35.

涂治,2023.准噶尔盆地绿洲带地下水优先控制污染物的识别与影响因素研究[D].乌鲁木齐:新疆农业大学.

涂治,周金龙,孙英,等,2022.新疆阿克苏地区地下水优先控制污染物的确定[J].安全与环境工程,29(2):151-159.

王小焕,邵景安,王金亮,等,2017.三峡库区长江干流入出库水质评价及其变化趋势[J].环境科学学报,37(2):554-565.

王新娟,李鹏,刘久荣,等,2016.超采对北京市潮白河冲洪积扇中上部地区地下水质的影响[J].现代地质,30(4):470-477.

王仲侯,张淑君,1998.克拉玛依油区高矿化度重碳酸钠型水的发现与特征[J].石油实验地质(1):39-43.

肖春艳,武俐,赵同谦,等,2013.南水北调中线源头区蓄水前土壤氮磷分布特征[J].中国环境科学,33(10):1814-1820.

杨玉麟,李俊峰,刘伟伟,等,2019.基于SMS水质模型的蘑菇湖水环境容量分析[J].南水北调与水利科技,17(6):127-137.

张杰,周金龙,乃尉华,等,2019.新疆叶尔羌河流域平原区浅层地下水咸化空间分布及成因[J].农业工程学报,35(23):126-134.

赵兰辉,2021.化工园区废水中1,2-二氯乙烷去除工艺研究[D].上海:华东理工大学.

赵鹏,2018.格尔木河冲洪积扇地下水盐污染特征及其机理分析[D].北京:中国地质大学(北京).

中国科学院新疆综合考察队,中国科学院地理研究所,北京师范大学地理系,等,1978.新疆地貌[M].北京:科学出版社.

周玉珠,2021.高盐废水旋转喷雾蒸发特性研究[D].常州:常州大学.

BEGEMAN C R, COLUCCI J M, 1968. Benzo[a]Pyrene in Gasoline Partially Persists in Automobile Exhaust [J]. Science, 161(3838):271.

EUROPEAN CHEMICALS BUREAU, 2003. Technical Guidance Document on Risk Assessment[R]. Italy: European Commission Joint Research Center.

HUANG F, CHEN L, ZHANG C, et al., 2022. Prioritization of Antibiotic Contaminants in China Based on Decennial National Screening Data and Their Persistence, Bioaccumulation and Toxicity[J]. Science of the Total Environment, 806(2):150-163.

HUG S J, WINKEL L, VOEGELIN A, et al., 2020. Arsenic and Other Geogenic Contaminants in Groundwater — A Global Challenge[J]. CHIMIA International Journal for Chemistry, 74(7):524-537.

JEONG W G, KIM J G, BAEK K, 2022. Removal of 1,2-Dichloroethane in Groundwater Using Fenton Oxidation[J]. Journal of Hazardous Materials, 428:128253.

JIA R L, ZHOU J L, ZHOU Y Z, et al., 2014. A Vulnerability Evaluation of the Phreatic Water in the Plain Area of the Junggar Basin, Xinjiang Based on the Vdeal Model[J]. Sustainability, 6(12): 8604-8617.

LASAGNA M, DE LUCA D A, FRANCHINO E, 2016. Nitrate Contamination of Groundwater in the Western Po Plain (Italy): the Effects of Groundwater and Surface Water Interactions[J]. Environmental Earth Sciences, 75(3): 1-16.

OKOYA A A, OLAIYA O O, AKINYELE A B, et al., 2020. Efficacy of Moringa Oleifera Seed Husk as Adsorptive Agent for Trihalomethanes from a Water Treatment Plant in Southwestern, Nigeria[J]. Journal of Chemistry, 2020: 1-11.

PANG Z H, KONG Y L, LI J, et al., 2017. An Isotopic Geoindicator in the Hydrological Cycle[J]. Procedia Earth and Planetary Science, 17: 534-537.

PENG C, HE J T, WANG M L, et al., 2018. Identifying and Assessing Human Activity Impacts on Groundwater Quality Through Hydrogeochemical Anomalies and NO_3^-, NH_4^+, and COD Contamination: a Case Study of the Liujiang River Basin, Hebei Province, P. R. China[J]. Environmental Science and Pollution Research, 25: 3539-3556.

RAVISH S, SETIA B, Deswal S, 2020. Groundwater Quality Analysis of Northeastern Haryana Using Multivariate Statistical Techniques[J]. Journal of the Geological Society of India, 95: 407-416.

SU Y C, CHEN W H, FAN C L, et al., 2019. Source Apportionment of Volatile Organic Compounds (Vocs) by Positive Matrix Factorization (PMF) Supported by Model Simulation and Source Markers - Using Petrochemical Emissions as a Showcase[J]. Environmental Pollution, 254: 112848.

WALLIS I, PROMMER H, BERG M, et al., 2020. The River-Groundwater Interface as a Hotspot for Arsenic Release[J]. Nature Geoscience, 13(4): 288-295.

WANG F, SONG K, HE X L, et al., 2021. Identification of Groundwater Pollution Characteristics and Health Risk Assessment of a Landfill in a Low Permeability Area[J]. International Journal of Environmental Research and Public Health, 18(14): 7690.

WANG L S, HE Z B, LI J, et al., 2020. Assessing the Land Use Type and Environment Factors Affecting Groundwater Nitrogen in an Arid Oasis in Northwestern China[J]. Environmental Science and Pollution Research, 27(32): 40 061-40 074.

WANG W K, WANG Z, HOU R Z, et al., 2018. Modes, Hydrodynamic Processes and Ecological Impacts Exerted by River-Groundwater Transformation in Junggar Basin, China[J]. Hydrogeology Journal, 26: 1547-1557.

WEN D G, ZHANG F C, ZHANG E Y, et al., 2013. Arsenic, Fluoride and Iodine in Groundwater of China[J]. Journal of Geochemical Exploration, 135: 1-21.

YUAN Y J, LIANG D, ZHU H M, 2017. Optimal Control of Groundwater Pollution Combined with Source Abatement Costs and Taxes[J]. Journal of Computational Science, 20: 17-29.

ZENG Y Y, ZHOU Y Z, ZHOU J L, et al., 2018. Distribution and Enrichment Factors of High-Arsenic Groundwater in Inland Arid Area of P. R. China: a Case Study of the Shihezi Area, Xinjiang[J]. Exposure and Health, 10(1): 1-13.